山东省海洋科普资源概论

褚忠信　编

中国海洋大学出版社

·青岛·

图书在版编目（CIP）数据

山东省海洋科普资源概论 / 褚忠信编. -- 青岛：
中国海洋大学出版社，2024.11. -- ISBN 978-7-5670
-4038-0

Ⅰ. P7-49

中国国家版本馆 CIP 数据核字第 2024ZT5351 号

SHANDONGSHENG HAIYANG KEPU ZIYUAN GAILUN

山 东 省 海 洋 科 普 资 源 概 论

出版发行	中国海洋大学出版社				
社　　址	青岛市香港东路 23 号		**邮政编码**	266071	
出 版 人	刘文菁				
网　　址	http://pub.ouc.edu.cn				
电子信箱	94260876@qq.com				
订购电话	0532-82032573(传真)				
责任编辑	孙玉苗		**电　　话**	0532-85901040	
印　　制	青岛国彩印刷股份有限公司				
版　　次	2024 年 11 月第 1 版				
印　　次	2024 年 11 月第 1 次印刷				
成品尺寸	170 mm×240 mm				
印　　张	8.5				
字　　数	105 千				
印　　数	1—1000				
定　　价	39.00 元				

发现印装质量问题,请致电 0532-58700166,由印刷厂负责调换。

序言／Preface

习近平总书记开创性地提出"科技创新、科学普及是实现创新发展的两翼，要把科学普及放在与科技创新同等重要的位置"，为我国新时代科普工作指明了发展方向。科学普及不仅是快速培养全民海洋意识、提升国民海洋文化知识素养的重要途径，也是实现海洋强国梦的重要保障。

进入21世纪，世界主要沿海大国纷纷把维护国家海洋权益、发展海洋经济、探索海洋资源、保护海洋环境列为本国的重大发展战略。党的十八大报告首次提出建设海洋强国战略。党的十九大报告指出，坚持陆海统筹，加快建设海洋强国。党的二十大报告指出，发展海洋经济，保护海洋生态环境，加快建设海洋强国。海洋强国的建设，不仅需要加强海洋科技、海洋军事、海洋经济等"硬实力"的建设，还要提升海洋文化、海洋教育等"软实力"。海洋科普资源调查是海洋科学的重要内容，也是海洋科学能够获得广泛的社会支持并不断发展的重要基础。然而，民众对海洋科普资源的了解和认识都不够深入，海洋意识仍需增强，这就需要大力发展海洋科普来促进民众海洋观念的培养和更新。

山东沿海地区的海洋资源极为丰富，无论是本身拥有的海洋自然资源，还是在人类社会发展中逐渐形成的海洋历史文化资源，都具有独特的魅力。正是由于这样得天独厚的条件，山东省才成为我国的海洋强省。在海洋科学以及相关的历史文化方面，笔者有着长期的科研、教学、实习、调查、科普工作经验的积累，尤其在中小学生海洋科普教育事业上已走过7个年头，理论成果与实践经验较为丰富。这些保障了山东省海洋科普资源调查研究的有效开展。

通过收集资料和实地考察，本书重点围绕3个方面展开：山东省海洋科普资源分类，山东省海洋自然资源（尤其是海洋地学资源），海洋历史文化与教育、科技资源。

对海洋科普资源进行调查研究，可为以后的海洋科普工作的开展提供重要依据；促进公众全面深入了解山东省主要海洋科普资源和最新研究动态；有助于普及海洋科学文化知识，弘扬海洋科学精神，熏陶勇于创新、追求卓越的科学精神，把海洋教育真正落到实处；也有助于促进海洋科普资源和研究成果共享，让科学更接近大众、被更多人所了解，让海洋资源和海洋历史文化知识传播惠及民众，掀起"认识海洋、关心海洋、经略海洋"的浪潮，积聚海洋开发与保护的智慧，助力海洋科学事业可持续发展，为保障地球生态系统健康、打造海洋命运共同体做出贡献。

中国海洋大学硕士研究生朱晓洁、于广科和本科生王通在资料收集、整理方面提供了帮助，本书在写作过程中借鉴了有关学者的研究成果，本书的出版获得中国海洋大学-中国科普研究所（OUC-CRISP）海洋科普研究中心基金的资助，笔者在此一并致谢！限于水平，书中难免存在不当之处，恳盼指正。

目录/Contents

1

绪　　论

1.1　选题背景与意义

习近平总书记开创性地提出"科技创新、科学普及是实现创新发展的两翼,要把科学普及放在与科技创新同等重要的位置",为我国新时代科普工作指明了发展方向。针对新时代科普工作的新要求,要切实发挥科普在传播科学、传承文化、弘扬科学精神、培养科技创新人才、营造社会创新氛围等方面的重要作用,全面提升公民科学素质,以创新和科普的双重动力推动实现高水平科技自立自强和建设科技强国。

进入 21 世纪,海洋问题成为世界关注的焦点,海洋的战略地位得到了空前的提高(万祥春,2018)。世界主要沿海大国纷纷把维护国家海洋权益、发展海洋经济、探索海洋资源、保护海洋环境列为本国的重大发展战略(刘笑阳,2016)。党的十八大报告首次提出建设海洋强国战略。党的十九大报告指出,坚持陆海统筹,加快建设海洋强国。党的二十大报告指出,发展海洋经济,保护海洋生态环境,加快建设海洋强国。海洋强国的建设,不仅需要加强海洋科技、海洋军事、海洋经济等"硬实力"的建设,还要提升海洋文化、海洋教育等"软实力"(李佳芮等,2016)。习近平总书记有关"科技创新、科学普及是实现创新发展的两翼"的论述,不仅为快速增强全民海洋意识、传承海洋文化提供了重要途径,也是实现我们海洋强国梦的重要保障(孟显丽等,2019)。海洋科普资源调查是海洋科学的重要内容,也是海洋科学能够获得广泛的社会支持并不断发展的重要基础(隋维娟,2012)。然而,民众对海洋科普资源的了解和认识都不够深入,需要大力发展海洋科普来促进民众海洋观念的培养和更新(于哲,2013)。山东沿海地区的海洋资源较为丰富,其得天独厚的海洋环境,为海洋科普资源的调查奠定了坚实的基础(李营,2010a,2010b)。我国已充分认识到进行海洋科普资源调查的重要性,并制定了一系列利于科普资源调查工作开展的有效措施。相关工作已取得一定的进展,但尚未达到预期目标,仍存在诸多亟待解决的问题。

对海洋科普资源进行调查研究,可为以后的海洋科普工作的开展提供重要依据;促进公众全面深入了解山东主要海洋科普资源和最新研究动态;有助于普及海洋科学文化知识,弘扬海洋科学精神,熏陶勇于创新、追求卓越的科学精神,把海洋教育真正落到实处;也有助于促进海洋科普资源和研究成果共享,让科学更接近大众、被更多人所了解,让海洋自然资源和海洋历史文化知识传播惠及人民大众,掀起"认识海洋、关心海洋、经略海洋"的浪潮,积聚海洋开发与保护的智慧,助力海洋科学事业可持续发展,为保障地球生态系统健康、打造海洋命运共同体做出贡献。

1.2 海洋科普调查现状

随着国家政策的大力扶持,海洋科普活动的数量不断增加、规模不断扩大,普及知识的渠道不断拓宽,受众范围不断扩展。当前,我国的海洋科普教育活动呈现出从学校走向社区、从线上走向线下的多样化发展模式。海洋科学教育普及工作取得了长足的发展。网上的宣传短视频和纪录片,还有各类线上的海洋科普创作和宣讲比赛,让公众对海洋知识的兴趣越来越浓厚、热情日益高涨。此外,科普内容全面化、系统化,出现了专门的图书馆与科普基地(刘笑,2019;于波,2020)。

目前,海洋科学普及的主要内容集中在海洋生物和海洋地理知识、海洋经济价值、海洋安全问题、海洋文化底蕴、海洋生态结构等方面。在中小学阶段,将有关海洋的知识和问题编入语文、历史和地理课本,为小学生提供了一个良好的学习平台。高等学校开设海洋地质、海洋气象、海洋化学、物理海洋、海洋生态、海洋生物等海洋领域的专门课程,为海洋科技人才的培养奠定了良好的基础。我国海洋科学普及的学术刊物和文献的数目在增加,海洋科学图书馆的建设云霄直上,海洋科学研究中心的数目也在稳步增长,形成了良好的海洋科学研究和教育氛围(焉永红等,2021;温艺晗,2019;王英等,2011;石兆文,2007)。

此外,海洋科普教育资源库的建立,将凌乱的各类海洋科普资源进行有条理的整合与归纳,为海洋科普教育打开了一扇崭新的大门,将其宣传推上了一个新的台阶(刘利群等,2016)。

随着我国对海洋科学关注的日益加强,在开展海洋科学普及教育、为民众填补海洋知识空白、培育海洋意识等方面也涌现出越来越多的行之有效的方法,为我国人民的精神和文化生活的丰富做出了有益的探索。

1.3　调查内容

针对山东省主要沿海城市采取收集整理资料、实地考察等方法,进行海洋科普资源调查研究(重点进行了山东省海洋地学资源调查),对所调查的海洋科普资源进行整合、分类,争取建立一个山东省海洋科普资源库,为以后的海洋科普工作的开展提供依据。

山东省海洋科普资源调查,主要围绕沿海海洋科普资源分类,沿海城市的海洋自然资源,海洋历史文化、科技教育资源三方面进行。山东省海洋科普资源主要分为海洋自然资源、海洋历史文化资源与科技教育资源两大类。

在山东省海洋自然资源方面,重点介绍海洋地学资源,主要内容包括:①对山东省海岸进行基岩海岸、沙砾质海岸和淤泥质海岸的分类;②海岸带贝壳堤的分布及环境意义;③黄河改道历史、黄河故道、黄河入海口湿地、黄河三角洲的形成演化以及海陆变迁、河海相互作用;④典型海岸带地貌,如沙滩、沙丘、海岸潟湖、岬角、海湾、海岛;⑤山东省毗邻海域概况,包括渤海、黄海。

在山东省海洋历史文化与科技教育资源方面,主要介绍如下内容:①神仙文化;②海洋军事;③海洋民俗,包括东夷文化、妈祖文化、特色民居——海草房;④重要海洋港口;⑤涉海历史名人、事迹、遗址,如戚继光、秦始皇、琅琊台;⑥海洋湿地保护区与地质公园;⑦海洋科研与海洋教育队伍概况;⑧与山东有关的涉海国家战略政策概况。

1.4　调查方法

本研究采用室内分析与实地考察相结合的方法。首先,收集和整理有关山东省海洋资源的资料;其次,基于已收集整理好的资料,进行实地调查,对现有资料进行补充与完善;最后,对所有资料汇总整理,对比分析,归纳概括。

2

海洋科普资源及分类

科普可以被定义为：为满足经济社会全面、协调、可持续发展，以及个人全面发展的需要，在一定的文化背景下，把人类在认识自然和社会实践中产生的科学知识、科学方法、科学思想和科学精神，采取民众易于理解、接受、参与的方式向社会传播，使其为民众所理解和掌握，并内化为公众认知体系的一部分，不断提高公众科学文化素质的系统过程（尹霖等，2007）。

资源，广义上讲，是在自然界及人类社会中，为人类所需要的各种物质要素的总称，分为自然资源和社会资源两大类。前者如阳光、空气、水、土地、森林、草原、动物、矿藏等；后者包括人力资源、信息资源以及经过劳动创造的各种物质财富，如各种房屋、设备、其他消费性商品及生产资料性商品，还包括无形的资财，如信息、知识和技术以及人类本身的体力和智力。

科普资源的体系系统见图2-1，科普资源的构成及与相关资源的关系见图2-2。

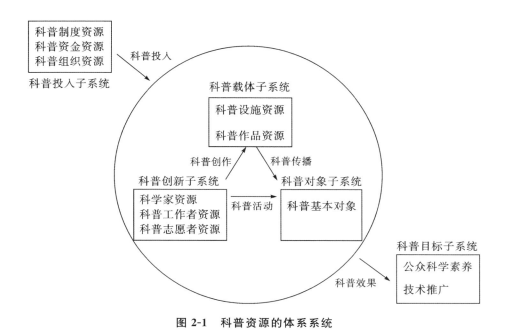

图 2-1　科普资源的体系系统

什么样的资源属于海洋科普资源？这就成为科普工作者和研究人员在合理开发、建设、保护和管理所拥有资源的工作中首先需要明确的问题。海洋科普资源也是一种资源，因此，它的界定首先要回归其资源属性，要从资源科学的视角对其进行分析和审视。海洋科普资源与科普工作的实践是密不可分的，因而它不仅具有资源的一般特征，也具有科普所赋予的特点。

海洋科普资源，这里主要指存在于海陆（重点是海岸带），凡能对大众产生吸引力，具备一定的科普功能，能被科普行业所利用并由此能获得一定效益（包括社会效益、经济效益和环境效益）的与海洋有关的自然、人文和社会现象的总和。

资源主要按属性进行多级分类。在研究资源分类时，不仅要注意在一定时空条件下资源内容与分类的变化，还要注意由于科学发现与技术进步而不断增加的新的资源门类。科普的对象是公众（重点是青

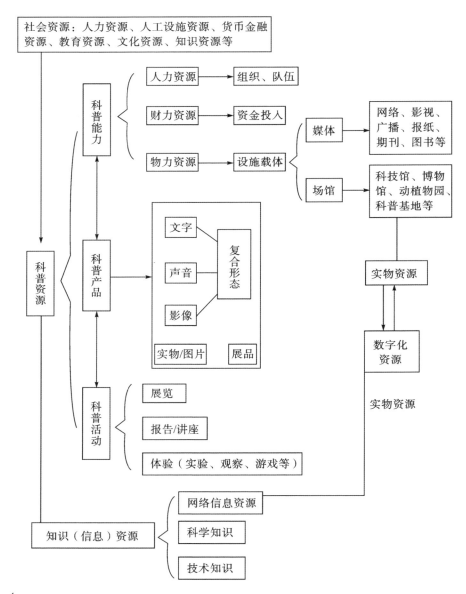

图 2-2　科普资源构成及与相关资源的关系

少年、儿童），科普的内容是科学知识、科学方法、科学思想和科学精神。

科普制度资源和科普组织资源亦是非常重要的科普资源，特别要重视科普制度资源的建设。只有将制度、资金、组织三类资源有机组合，才能保证科普资金的有效使用，才能建立科普资金持续投入、保证科普工作开展的长效机制。

创作科普作品、组织科普活动等的人力因素，主要包括科学家资源、科普工作者资源和科普志愿者资源。以往的研究比较重视科学家资源、科普工作者资源。确实，科学家是科普的主要力量，科普工作者是开展科普工作的核心力量。可是，未来要高度重视科普志愿者资源的建设，不仅仅在于科普志愿者是科普工作执行的依托力量，更在于科普志愿者资源的多少是衡量和反映科普观念的主要指标。显然，科普志愿者越多，说明科普工作开展的成效越好，社会大众的科普观念越强。

通过科普的历史发展，我们可以大致了解科普的基本内容和特点。大约从近代科学革命开始到 19 世纪中叶的前科学普及阶段，科学本身并没有得到社会的普遍认可，科学家还没有职业化，科学仍在走向独立的过程中，科学普及只能委身于该时期的知识扩散传播活动（diffusion of knowledge）。也就是说，"在科学活动的早期，科学知识是作为技术传统、宗教传统或者普通哲学传统的一部分来传播的"（约瑟夫·本·戴维，1988）。应该说，在前科学普及阶段，科学工作者巡回演讲、热情宣扬科学知识的直接动机显然主要是谋求社会的承认。科学工作者的演讲展示活动尽管对普通公众开放，但其受众仍然以上流社会的成员为主。这类活动首先成为上流社会贵族阶层的一种带有高雅意味的时尚后，才逐渐扩散到广大平民阶层。在传统的科学普及阶段（popularization of science；19 世纪中叶至 20 世纪上半叶），公众对科学事务的参与相对较少。从方式上说，科学的普及也主要是一个由科学家到公众的单向的传播过程。至今，许多发展中国家的科学普及活动仍然处于这一阶段。到了现代科学普及阶段，一些发达国家出现了公众理解科学（public understanding of science）活动。现代科学普及活动受到各国政府和全社会的关注，政府的参与程度明显加强。在现代科学普及阶段，科学家和公众的关系有了新的变化。现代科学普及又被称为公众理解科学，较之以往有了几层新的含义：①这是一种双向交流的过程。②科学家也要理解公众。③理解（understanding）意味着不一定接受。在这个意义上说，公众有权拒绝科学家宣扬的科学。现代科学普及的内容有了新的变化，不再一味地宣扬科学技术的正面成就，对科学技术的负面后果也同样实事求是地告知公众，并帮助公众理解科学的局限性和技术的负面效应。科学界和大众传媒界保持交流与合作，是科学普及活动能否取得成效的关键。20 世纪二三十年代出现了首批专门的科学记者，而在这之前都是科学家来普及科学。从科普的历史发展可以看出，科普的概念和定义随着科学技术的发展和人们科普实践的深入而动态发展。科普是一个与时俱进的概念。

　　山东省的海洋科普资源主要分为海洋自然资源（本书重点介绍海洋地学资源）以及海洋历史文化与科技教育资源两大类。每大类又分若干小类。需要指出的是，这些分类注重于描述方便，并不绝对，有些类别有重叠或包含关系。山东省海洋科普资源的分类见表 2-1。

表 2-1   山东省海洋科普资源分类

1级	2级	3级或典型案例
海洋自然资源	毗邻海域	渤海、黄海
	海岸	基岩海岸(岬角、海湾、海蚀柱、海蚀崖、海蚀平台、海蚀洞)、沙砾质海岸[沙滩(海水浴场)、海岸沙丘、潟湖]、淤泥质海岸(潮坪、湿地、潮沟、贝壳堤)、人工海岸、河口海岸
	海岛	灵山岛、庙岛群岛、田横岛、芝罘岛
	河流、河口、三角洲	黄河口、黄河三角洲
	近海名山	崂山、昆嵛山、无棣碣石山
	气候	降雨量、气温、光照、风
	能源与矿产	风能、潮汐能、波浪能、石油(胜利油田)、金矿(招远金矿)
	生物	海洋植物、海洋动物、海洋微生物
	水资源	海水
海洋历史文化、科技教育资源	历史	山东涉海历史
	神仙文化	蓬莱阁、八仙过海
	海洋军事文化	刘公岛中国甲午战争博物院、中国人民解放军海军博物馆、齐长城
	海洋民俗文化	东夷文化、妈祖文化、海草房、祭海节
	涉海历史名人、事迹、遗址	秦始皇、田横五百士、戚继光、琅琊台、即墨古城、青州古城
	海洋科研与教育队伍	大学、研究所、海洋特色中小学
	海洋科普机构与专业科普人员	海洋世界、海洋保护区与专业科普人员

（续表）

1级	2级	3级或典型案例
海洋历史文化、科技教育资源	涉海国家战略	海洋强国战略
	海洋港口	青岛港、日照港
	海洋经济	盐场、养殖场、海洋牧场
	海洋旅游	海岸旅游、海水旅游、海底旅游、海空旅游
	海洋博物馆	海底世界、极地海洋世界
	开埠文化	青岛、烟台
	科学方法	资料收集、实地调查、测试分析
	科学仪器	"蛟龙"号潜水器、潜水艇
	多媒体资源	视频、音频、图片、VR/AR
	货币金融资源	创业基金、公益基金

3

山东省海洋自然资源

　　山东濒临渤海和黄海，从西北到东南，沿海分布有滨州、东营、潍坊、烟台、威海、青岛和日照等 7 个设区市，毗邻海域面积约 15.86 万平方千米。大陆海岸线北起冀鲁交界处的漳卫新河河口，南至鲁苏交界处的绣针河河口，全长 3 504.74 千米，占全国大陆海岸线的 1/6。山东省海岸可以划分为淤泥质海岸、基岩海岸和沙砾质海岸 3 种类型。管辖海域中共有海岛 589 个，其中有居民海岛 32 个，无居民海岛557 个。

　　山东海洋自然资源丰富，特别是海洋地学资源。鉴于我们的调查主要集中在海岸带以及近海地区，本书中海洋地学资源相关介绍具体主要涵盖以下内容：山东省毗邻海域概况；山东省海岸概况，包括基岩海岸、沙砾质海岸和淤泥质海岸；山东省海岸带贝壳堤的分布及环境意义；黄河入海口湿地、黄河三角洲的形成演化以及海陆变迁、河海相互作用；重点海岸带地貌，如海湾、岬角、海蚀柱、海蚀崖、海蚀平台、海蚀洞、海岸沙丘、潟湖、海岛。

3.1　山东省毗邻海域概况

　　山东半岛作为中国最大的半岛,三面临海,伸入渤海、黄海间。山东省所拥有的海洋科普资源与这两片海域息息相关。下面对这两片海域进行简要的介绍。

3.1.1　渤海

　　渤海是半封闭性内海,大陆海岸线从老铁山至蓬莱角,长约 2 700 千米。它的东西宽度约为 236 千米,南北长度为 550 多千米。其面积约为 7.7 万平方千米,平均水深为 18 米。渤海东部与黄海相接,以辽东半岛南端的老铁山经庙岛群岛与山东半岛北端的蓬莱角的连线与之分界。另外三个方向是大陆,与辽宁、河北、天津、山东三省一市相邻。根据渤海的地形特征,可以将其划分为辽东湾、渤海湾、莱州湾、中央盆地和渤海海峡五个区域。

　　渤海和华北盆地是一个整体,它是华北盆地的新生代沉降中心,第四纪沉积物厚 300～500 米,主要为陆源物质。基底为前寒武纪变质岩。地势呈由三湾向渤海海峡倾斜态势。渤海海底平坦,底质多为泥沙和软泥。海岸分为粉沙淤泥质岸、沙质岸和基岩岸 3 种类型。渤海湾、黄河三角洲和辽东湾北岸等沿岸为粉沙淤泥质海岸,滦河口以北的渤海西岸属沙砾质岸,山东半岛北岸和辽东半岛西岸主要为基岩海岸。渤海地形单调平缓,海底分布有古海岸线和古河道残迹。

　　渤海,在地质史上经历了陆地—湖泊—海的沧桑演变。渤海是一个半封闭性的海,其水文等方面受陆地影响很大。一方面,黄河、辽河、滦河、海河等河带来的泥沙不断沉积,改变海底和海岸地貌。大量泥沙的堆积使渤海深度变浅,平均水深 18 米,全海区 50％ 以上水深不到 20 米,只有辽东半岛南端有一水深 70 多米的凹地。另一方面,海水热力动态深受陆地的影响,表层水温季节变化明显。夏季水温可达 25℃,冬季水温在 0℃ 左右。除秦皇岛、葫芦岛一带外,渤海,尤其是辽东湾,冬季普遍有结冰现象,但冰层不厚,一般为 15～30 厘米,冰期 1～3 个月不等。

渤海沿岸江河纵横,有大小河流 40 条,其中 19 条来自莱州湾沿岸,16 条来源于渤海湾沿岸,15 条来源于辽东湾沿岸,构成了渤海三大流域、三大海湾的生态体系。入海的主要河流有黄河、辽河、滦河和海河,年径流总量达 888 亿立方米。入海河道在三个港湾中沉积了大量的泥沙,在湾顶形成了辽河口三角洲湿地、黄河口三角洲湿地、海河口三角洲湿地三大三角洲湿地,年造陆面积 20 多平方千米。湿地中生物种类众多,植物有芦苇、水葱、碱蓬、三棱草和藻类等,鸟类则有150 余种。辽河口三角洲湿地和海河口三角洲湿地是我国芦苇的主产区,这里的芦苇生长旺盛,为我国造纸行业提供了丰富的优质原材料。

渤海沿岸河口浅水区营养物质含量丰富,饵料生物繁多,是经济鱼类、虾蟹类的产卵场、育幼场和索饵场。渤海中部深水区既是众多经济鱼类、虾蟹类洄游的集散地,又是渤海地区地方性鱼类、虾蟹类的越冬地。因此,河口生态系统和渤海中部深水区生态系统构成了渤海的两大生态系统。环渤海三大城市群与渤海两大生态系统相互影响,构成了渤海地区的复杂状况。

渤海的五大优势资源有渔业资源、港口、石油、旅游资源和海盐。渤海沿岸有黄河、辽河、滦河、海河等河流从陆上带来大量有机物,使这里成为盛产对虾、蟹和黄花鱼的天然渔场。渤海拥有辽东湾、渤海湾、莱州湾三大优良港湾以及众多中小型港口,自然地理条件好,经济发达,腹地广阔,是我国北方对外贸易的重要海上通道,已建和宜建港口 100 多处。渤海石油和天然气资源十分丰富,整个渤海地区就是一个巨大的含油构造,滨海的胜利、大港、辽河油田和海上油田连成一片,渤海已成为我国的"第二个大庆"。渤海沿岸自然风景优美,名胜古迹众多,形成以阳光、沙滩、碧海、动物和人文遗迹为主题的温带海滨旅游度假产业。渤海地质和气候条件非常适宜盐业生产,是我国最大的盐业生产基地。我国四大海盐产区中,渤海就有长芦、辽东湾、莱州湾 3 个。莱州湾沿岸地下卤水储量丰富,达 76 亿立方米,折合含盐量 8 亿多吨,是罕见的储量大、埋藏浅、浓度高的"液体盐场"。

3.1.2　黄海

黄海位于我国与朝鲜半岛之间,海岸线北起辽宁鸭绿江口,南至江苏启东角,大陆海岸线长约 4 000 千米。沿海地区包括辽宁省(部分)、山东省(部分)和江苏省。黄海为半封闭的大陆架浅海,自然海域面积约 38 万平方千米。黄海海底比较平坦,平均水深 44 米,最大深度 140 米。历史上黄河曾流入黄海,夹带的泥沙使近岸水域悬浮物质增多,海水透明度变小,呈现黄色,这便是"黄海"之名的由来。国际上一般沿用"黄海"一名。黄海从胶东半岛成山角到朝鲜的长山串之间海面最窄,习惯上以此连线将黄海分为北黄海和南黄海两部分。黄海的西北部通过渤海海峡与渤海相连,东部由济州海峡与朝鲜海峡相通,南部以长江口东北岸启东角到济州岛西南角连线与东海分界。

黄海表层沉积物主要为陆源碎屑物,自岸向海沉积物由粗到细呈带状分布。沿岸区以细沙为主,间有砾石等粗碎屑物质。东部海底沉积物主要来自朝鲜半岛,西部系黄河和长江的早期输入物。中部深水区是泥质为主的细粒沉积物。黄海基底由前寒武纪变质岩系组成,北部属于中朝准地台的胶辽隆起带,在第三纪时基本上处于隆起背景。南黄海在新生代时经受了大规模的断陷,接受了少量的沉积。海域内的主体构造走向为北北东,由大致平行相间排列的隆起带与拗陷带(盆地)组成。胶辽隆起带和南黄海—苏北拗陷带构成了黄海的海底构造骨架,其东南缘经浙闽隆起带延伸入东海。第四纪以来冰期、间冰期更迭交替、海面频繁升降,使大陆架多次成陆,又多次受到海侵。最后一次海侵是在距今 1.5 万～2 万年间开始的。距今 6 000 年左右,海面才上升到接近我们现在看到的位置。

注入黄海的主要河流有鸭绿江、大同江、汉江、淮河等,主要沿海城市有中国的连云港、盐城、南通、日照、青岛、烟台、威海、大连、丹东,朝鲜的新义州、南浦,韩国的仁川。黄海内的岛屿主要分布于辽东半岛东侧、胶东半岛东侧和朝鲜半岛西侧。

黄海的生物区系属于北太平洋区东亚亚区,属暖温带性,其中以温带种占优势,但也含有一定数量的暖水种。在海洋游泳动物中,鱼类占据主要地位;除此之外,还有部分头足类和鲸类。黄海生物种类多,数量也大,为烟威、石岛、海州湾、连青石、吕泗和大沙等著名渔场的形成提供了条件。南黄海盆地中、新生代沉积厚度较大,具有很好的油气资源开发远景。其他矿产资源以滨海沙矿为主,目前正在开采。此外,山东半岛近岸区还存在着金刚石矿床,具有较高的经济价值。

3.2 山东省海岸概况

海岸指的是在海洋和陆地接触处,经波浪、潮汐、海流等作用形成的滨水地带。山东省作为我国北方大省,地理位置优越,毗邻渤海和黄海两处海域,海岸线长度高居全国第二位,陆地海岸线从滨州市无棣县的漳卫新河河口至日照市岚山区的绣针河河口,全长超过 3 000千米。

在海岸处,经常有众多松散沉积物堆积而形成的地理单元,被称为滩。在没有形成公认的海岸分类系统的前提下,受到海岸动力影响的滩沉积物颗粒成为划分海岸类型的一个重要因素。山东省的海岸据此可以划分为 3 种类型:基岩海岸、沙砾质海岸以及淤泥质海岸(王晓青,1996;印萍等,2017;战超,2017;姜正龙等,2020)。

3.2.1 基岩海岸

基岩海岸指的是由坚硬岩层所构成,并主要受地质构造运动和海浪影响而产生的海岸。其地形险峻、海岸线蜿蜒、水深流急,导致在这种海滨地带经常散布有海岸线向海突出的岬角和凹入内地的海湾,并且具有数量较多的岛屿。此外,基岩海岸的地形种类也丰富多变而富有特点,包括海蚀洞、海蚀拱桥、海蚀崖、海蚀平台和海蚀柱等,极具观赏性(陈刚等,1991;徐宗军等,2010)。

我国的基岩海岸多由花岗岩、玄武岩、石英岩、石灰岩等各种不同的岩石组成。山东半岛插入黄海中,海岸多为花岗岩形成的基岩海岸。山东半岛基岩海岸广为分布。从海上奔腾而来的巨浪拍在悬崖峭壁上,水花冲天,轰鸣阵阵,景象壮观。

受较多的多沙性中小型河流入海的影响,加上花岗岩和火山岩的丘陵地区风化壳层较厚,山东半岛有一定规模的陆连岛。其中,山东省烟台市的芝罘岛(图 3-1),是中国最大的陆连岛。

图 3-1 山东省烟台市芝罘岛

除了岬角与陆连岛外,海岛也是基岩海岸重要的地貌产物。山东省近海岛屿星罗棋布,其中以庙岛群岛最为典型。庙岛群岛,也称长山列岛,是山东省烟台市蓬莱区北部所辖 32 个岛屿和许多礁岩的总称,主要岛屿有南部的南长山岛、北长山岛、大黑山岛、小黑山岛、庙岛和北部的砣矶岛、大钦岛、小钦岛、南隍城岛、北隍城岛等。其中,最大岛是南长山岛;最小岛是小高山岛。南北岛距最长 56.4 千米,东西岛距最宽 30.8 千米。海岸线总长 146.14 千米。岛屿面积约 52.5 平方千米。

庙岛群岛位于辽东、山东两半岛间，是黄海、渤海二海分界，为渤海的咽喉、京津的门户。庙岛群岛是山东省主要的渔业基地和新兴的旅游目的地。庙岛群岛的海参、鲍鱼、海胆等海珍品在国内外享有盛誉，被誉为"中国鲍鱼之乡""中国扇贝之乡""中国海带之乡"，是中国重要的海珍品出口基地，是国家级重点旅游景区、候鸟保护区及海岛地质公园。

3.2.2　沙砾质海岸

沙砾质海岸一般在岸边高潮位以上，堆积着沙砾等粗粒物质，沉积物多有向海倾斜的层理。砾石的长轴多与海岸平行，磨圆度和分选良好；其下物质逐渐变细，层理细薄。海岸的坡度与组成物质的粗细有关。物质颗粒愈粗，坡度愈大；颗粒愈细，坡度愈小。沙砾质海岸沿岸沙堤、沙嘴十分发育。沙砾质海岸与基岩海岸有着明显的差异。首先，基岩海岸主要以巨型的原生岩石构成；而沙砾质海岸主要由沉积物构成，且粒径一般在 0.2～2 毫米。沙砾质海岸的沉积物主要由河流搬运而来，并且受到了波浪与激岸浪的作用。其次，基岩海岸的海岸线较为曲折，拥有较多险峻之处；而沙砾质海岸则相对平直顺滑，近岸海水较浅，虽缺乏良港与岛屿，但优质沙滩的分布范围较广。

沙砾质海岸的沉积物颗粒大多呈现中、细粒，较为柔软洁净，适宜开发成海水浴场或是避暑疗养的场所。山东青岛、日照、威海等沿海城市，沙滩优良，水域宽阔，避风条件好，设备齐全，每年夏季国内外游人络绎不绝，带来了较为可观的经济效益。图 3-2 即为山东省日照市海水浴场。

图 3-2　山东省日照市海水浴场一角

3.2.3　淤泥质海岸

淤泥质海岸是由淤泥或杂以粉沙的淤泥(主要是指粒径为 0.01～0.05 毫米的泥沙)组成,多分布在输入细颗粒泥沙的大河入海口沿岸,其中的沉积物主要是由大河输入并逐渐沉积下来的。相比于沙砾质海岸,淤泥质海岸的地形比较平缓,坡度比较均匀,泥滩宽度一般在几千米以上(李蒙蒙等,2013)。

从大地构造而言,淤泥质海岸多处于长期下沉的地区,有利于大量物质的堆积。沿岸入海河流所携带的泥沙在河口堆积,使海岸不断向外推移。在极少数地段,淤泥质海岸中有贝壳碎屑和沙组成的贝壳堤。淤泥质海岸由于组成物质较细、结构较为松散,受到水动力作用后在短时期内易被海水冲刷侵蚀而快速后退,或向海淤涨。此处所谓的水动力,主要指潮流和波浪,其中潮流的影响最为重要。同时,随着由陆向海滩面地势由高变低,潮流作用的性质也不一致,致使潮滩地貌形态、冲淤性质和生态环境特征等具有明显的分带性。一般来说,淤泥质海岸由陆地向海洋依次分为"高潮滩带""上淤积带""冲刷带""下淤积带"等 4 个地带。

泥质海岸地势平坦,海滨有大片低地泥滩,既便于引进海水,又不易使卤水下渗,是开辟盐场极为有利的场所。山东地区雨水相对较少,日照时间较长,利用风车扬卤、太阳照晒或者煎熬,使水分蒸发,就能得到大量的海盐。

淤泥质海岸在山东主要分布在渤海沿岸,土壤肥沃,滩涂养殖发展良好。其中,东营市淤泥质海岸最具代表性(图 3-3),肉嫩味美的毛蚶、西施舌都已驰名国内外。

图 3-3　东营市淤泥质海岸

3.3　山东省海岛概况

　　山东省管辖海域约 4.65 万平方千米。管辖海域中共有海岛 589 个,呈明显的链状或群状分布,大多以列岛或群岛的形式出现(陈可馨和陈家刚,2002)。自西向东,自北向南,可以分为长岛岛群、烟威北部岛群、烟威东南部岛群、青岛近海岛群和鲁东南前三岛岛群。有人居住的海岛主要分布在烟台—威海—青岛一带。从烟台到青岛海域共分布着海岛 535 个,占山东海岛数量的 90.8%,海岛面积约 97 平方千米,占整个山东海岛总面积的 95% 以上,构成了山东海岛开发利用的主体。海岛集中分布,有利于形成旅游网络,也便于集中协同开发(信忠保等,2004)。

　　山东省海岛岛陆总面积约为 102 平方千米,其中 53.14% 的海岛面积小于 500 平方米,面积大于 5 平方千米的海岛仅 7 个(梁源媛和高建,2016)。最大海岛为南长山岛,面积为 13.3 平方千米。山东省绝大部分海岛在面积上都属小型海岛,土地资源稀缺且开发建设强度、常住人口规模及旅游接待规模有限。较大的海岛有南长山岛、北长山岛、庙岛、养马岛、刘公岛、镇锣岛、灵山岛、田横岛。

　　从海岛离岸距离来看,山东海岛绝大部分位于近岸海域,大部分海岛位于离岸 15 千米的海域内。距陆 5 千米以内的海岛 345 个,占海岛总数的 58.57%;距陆 5～50 千米的海岛 148 个,占 25.13%;距陆大于 50 千米的海岛 96 个,占 16.30%。最远的有居民海岛是北隍城岛,离岸距离约 61 千米(周辉和牛亚菲,2021)。总体来看,山东具有旅游开发潜力的海岛绝大多数处于大陆边缘,海岛距离陆地较近,交通成本低、时间短，可达性较高，能够与沿海陆地的经济生活构成密切联系。

岛屿人口分布及行政建制特点介绍如下。

根据《山东省海岛保护规划》，山东省海岛现有常住人口约 7.4 万人，主要分布在全省的 32 个有居民海岛上，仅占海岛总数量的 5.4%，大部分海岛无人居住。滨州市有居民海岛 4 个，常住人口约 2 700人；烟台市有居民海岛 15 个，居住人口约 5.7 万人；威海市有居民海岛 6 个，常住人口约 8 000 人；青岛市有居民海岛 7 个，常住人口约 5 600 人。

岛屿气候及环境条件特点介绍如下。

山东海岛位于东亚暖温带季风气候区。春夏季偏南风影响，气候倾向海洋性；秋冬季主要受西伯利亚干冷季风控制，气候倾向于大陆性，较为寒冷。山东省海岛年平均气温在 11.1℃～12.7℃；一般 8 月气温最高，平均气温为 23.5℃～25.8℃；1 月气温最低，平均气温为 －1.4℃～0.1℃（卢民，2004）。

山东省海岛资源开发现状介绍如下。

山东省海岛资源开发现以渔业、旅游业、港口建设和少量的海洋能源开发等为主。旅游业作为山东海岛经济的一个重要方面，目前整体开发利用的程度不高，旅游海岛开发数量少，只占海岛总数的不到 1/20（康伟，2012）。

青岛海岛旅游发展思路是实施海岛分类保护和利用管制，推行海域空间立体开发，实现陆域、岸线、海岛、海域协调可持续发展，开展海岛、海湾资源利用系统评估，科学开发海岛、海湾资源。

长山岛、刘公岛、养马岛年接待游客上百万人次，实现了一定规模的旅游开发（周辉和牛亚菲，2021）。田横岛、灵山岛、竹岔岛等依托青岛旅游市场实现了初步的旅游开发。崆峒岛、斋堂岛、镆铘岛年游客只有几千人次。其他多数海岛还不具备游客上岛的条件,尚未进行旅游开发。

根据山东海岛的分布特点,优先选择开发较早、离岸较近、承载容量较大的海岛进行重点整合纳入。日照的桃花岛,青岛的田横岛、竹岔岛、沐官岛、长门岩岛、大管岛、斋堂岛、灵山岛,烟台的长岛、养马岛、桑岛、崆峒岛,威海的刘公岛、镆铘岛,以上海岛在新一轮的旅游开发整合中仍将作为重点。

山东海域海岛地质遗迹资源,按地质作用可分为搬运-沉积地貌类、构造-剥蚀地貌类、地质体-地质构造类。搬运-沉积地貌类主要有冲积海积平原、三角洲平原、淤泥滩、贝壳堤、砾石滩、浅滩、砾石嘴、黄土地貌、风成沙丘等。构造-剥蚀类遗迹主要包括剥蚀丘陵、海蚀阶地、海蚀柱、海蚀平台等。其中,滨州—潍坊海域以搬运-沉积类遗迹资源为主,烟台—日照海域以构造-剥蚀类为主。此外,在烟台—日照海域岛陆范围,分布大量地质体-地质构造类等遗迹资源(表 3-1)。

表 3-1　山东省海域海岛地质遗迹资源分区分类

分类	海域	主要遗迹类型	成因类型
岛陆遗迹	滨州—潍坊	海岛、风成沙丘、潟湖等	搬运-沉积地貌类
	烟台—日照	丘陵	构造-剥蚀地貌类
		海积平原、潟湖堆积平原、黄土、洪坡积台地和倒石堆等	搬运-沉积地貌类
		石英岩剖面、榴辉岩岩体等	地质体-地质构造类

（续表）

分类	海域	主要遗迹类型	成因类型
岸线潮间带遗迹	滨州—潍坊	粉沙-淤泥滩、贝壳堤、潮沟等类型	搬运-沉积地貌类
	烟台—日照	海蚀阶地、海蚀崖、海蚀柱、海蚀穴、海蚀残丘等	构造-剥蚀地貌类
		沙砾滩、连岛沙坝等	搬运-沉积地貌类
岸岛水下遗迹	滨州—潍坊	主要发育水下浅滩等	搬运-沉积地貌类
	烟台—日照	主要发育水下海蚀平台等	构造-剥蚀地貌类

来源：吕宝平等，2021。

3.4 山东省海湾概况

根据我国国家标准《海洋学术语 海洋地质学》（GB/T 18190—2017），海湾是指水域面积不小于以口门宽度为直径的半圆面积，且被陆地环绕的海域。除水域外，海湾还包括海岸的潮间带以及水域周围的陆域部分，是由海水、水盆、邻近陆域及其空间组成的综合自然体。海湾内，波浪能辐散，风浪扰动小，水体较平静，易于泥沙堆积，通常潮差较大。海湾是人类从事海洋经济活动及发展旅游业的重要基地。

根据卫星遥感影像，并参照大比例尺地形图及有关资料，山东沿岸有大小海湾262个，其中海岛上的海湾有63个（杨治家等，1992）。

大部分海湾有河流注入，因而形成形态各异的河口湾。海湾的大小、形态多受地质构造影响；有的独立成湾，有的则是大湾套小湾，如黄根塘湾、利根湾、胶州湾、崂山湾、靖海湾、桑沟湾、莱州湾等，面积都在 50 平方千米以上，其中包括许多小湾。山东海湾面积在 1 平方千米以下者，占半数左右。

3.5 山东省海岸带贝壳堤

贝壳堤，又称蛤蜊堤，是一种类似于堤坝的突起沉积物，是由海洋软体动物（即贝类）的壳以及细沙、粉沙、泥炭和淤泥质所构成的薄薄的泥质层，形成于高潮线附近，为古海岸在地貌上的可靠标志。它的发展反映了一种具有粉沙底质、水清、水动力作用，以波浪、潮汐为主的有利于贝类生长的海湾环境。另外，贝壳堤也是海岸线后退的重要标志。

贝壳堤是几十年来科学家研究的重要对象，在国际上的海洋、第四纪地质、古气候、古环境研究领域占有重要位置。贝壳堤的形成需要具备 3 个条件，即粉沙淤泥质海岸、海水侵蚀和丰富的贝壳物源。历史上，黄河以"善淤、善决、善徙"著称。黄河携带大量细粒黄土物质，长时期周而复始地在渤海湾南岸、西岸改道，在此塑造了世界上较长的淤泥质海岸。黄河改道、河口变换到别处后，随着泥沙入海量的减少，海岸不再淤积增长，海水变得清澈，种类繁多的海洋贝类不断繁衍生息，提供了充足的贝壳物源。海浪潮汐运动以侵蚀为主，将贝壳搬移到海岸堆积。随着贝壳的逐年累积，独特的贝壳滩脊海岸逐渐形成。一旦黄河改道，海水盐度低而混浊的淤泥岸不利于贝类生存，贝壳堤停止发育。在贝壳堤外，泥沙淤积成陆，海岸线又向前伸，贝壳堤则远离海岸，或弃于陆上或埋于地下。由于黄河的来回改道，海岸线不断变化，淤泥与贝壳堤交互更替。就这样，在渤海湾南岸、西岸形成多条平行于海岸线的贝壳堤。这些贝壳堤成为渤海湾海岸线向渤海延伸的脚印。

该特殊地质现象在山东省滨州市无棣县尤为壮观(图 3-4)。此处的贝壳堤岛发育有国内独有、世界罕见的贝壳滩脊海岸,为世界三大贝壳堤岛之一。与国内外同类的贝壳堤岛相比,无棣县贝壳堤岛具有独特性。一是贝壳质量高,无棣县古贝壳堤岛不管是在底部还是在表面,都有接近 100％ 的贝壳质,杂质极少。二是新旧贝壳堤在此处共存。无棣县贝壳堤岛不仅有形成于两千年前的古贝壳堤,也有刚刚发育完全的新贝壳堤。更值得研究的是,无棣县贝壳堤岛仍然有形成全新贝壳堤的趋势。相对于无棣县贝壳堤岛,国外与国内其他的贝壳堤岛一般远离海岸,没有形成新贝壳堤的可能。三是拥有贝壳滩涂湿地这种典型的生态系统,这对于我国和世界都无比宝贵,具有科学和实用价值,对研究海岸线变化、海岸环境演化的历史具有重大的意义。

图 3-4　无棣县贝壳堤一角

除了科学意义之外,无棣县贝壳堤岛还在为当地人带来持续的经济效益。无棣人本着适度开发、合理利用的方针,开发了世界上第三种陶瓷类型——贝类陶瓷。在有效保护了贝壳堤的前提下,化工产业成为当地的主要经济支柱产业之一。贝壳堤中充足的贝壳成为贝类制品加工、塑料橡胶填料、动物饲料钙质添加剂、贝类陶瓷生产等的主要原材料。

此处现已设立国家级自然保护区——滨州贝壳堤岛与湿地国家级自然保护区。保护区位于山东省滨州市无棣县城北 60 千米处,渤海湾西南岸,西至漳卫新河,东至马颊河河口以东,北至浅海 4.5 米等深线。主要保护对象为贝壳堤岛和滨海湿地,属海洋自然遗迹类型自然保护区。该保护区生物多样性较高,是东北亚内陆和环西太平洋地区候鸟主要的越冬、栖息和繁殖场所,也是黄河变迁、海岸线变化、贝壳湿地生态系统演化的研究基地,在我国海洋地质、生物多样性和湿地类型研究中占有重要地位(杜廷芹等,2009;刘金然等,2017;曹锐,2020;李云龙,2020)。

贝壳堤吸引了众多游客和考古爱好者前来参观。他们在沙滩上沐海拾贝,踏滩逐浪,享受着大自然的绝美风光(图 3-5)。

图 3-5　无棣县贝壳堤

3.6 重要入海河口：黄河入海口

3.6.1 黄河及其河道变迁

黄河，属世界长河之一，是中国第二长河。黄河全长约 5 464 千米，其流域面积约 752 443 平方千米，流域冬长夏短，冬夏气温悬殊，季节气温变化分明。黄河流域是中华文明主要的发源地，黄河被称为我国的"母亲河"。

黄河每年都会携带 16 亿吨泥沙，其中有 12 亿吨流入大海，剩下 4 亿吨长年留在黄河下游，形成冲积平原。在历史上，黄河的改道给中华文明带来了巨大的影响。黄河在上中游平原河道曾有过变迁，有的变迁还很大。如内蒙古河套河段，1850 年以前，磴口以下主要分为两支：北支为主流，走阴山脚下，称为乌加河；南支即今黄河。1850 年，西山嘴以北乌加河下游淤塞断流约 15 千米，南支遂成为主流，北支已成为后套灌区的退水渠。龙门—潼关河道变迁也较大。不过，这些河段的演变对整条黄河发育来说影响不大。黄河的河道变迁主要发生在下游。历史上黄河下游河道变迁的范围，大致北到海河，南达江淮。据历史文献记载，黄河下游决口泛滥 1 500 余次，较大的改道有 20 多次。

党和国家高度重视黄河流域的治理与发展问题。2019 年 9 月，习近平总书记主持召开了黄河流域生态保护和高质量发展座谈会。自此，黄河流域生态保护和高质量发展上升为重大国家战略，一张黄河治理的蓝图铺展开来：上游要以三江源、祁连山、甘南黄河上游水源涵养区等为重点，推进实施一批重大生态保护修复和建设工程，提升水源涵养能力。中游要突出抓好水土保持和污染治理。下游的黄河三角洲是我国暖温带最完整的湿地生态系统，要做好保护工作，促进河流生态系统健康，提高生物多样性。

3.6.2　黄河入海口

万里黄河一路奔腾，在山东省东营市垦利区黄河口镇境内入海。黄河入海口地处渤海湾与莱州湾的交汇处，是 1855 年黄河决口改道而成的。这里有中国暖温带保存最完整、最广阔、最年轻的湿地生态系统，已于 1992 年 10 月经国务院批准建立国家级自然保护区——山东黄河三角洲国家级自然保护区。这里被人们誉为鸟类的天堂。

当今的黄河入海口（图 3-6），已发展成为美丽富饶的经济带和旅游胜地。这里拥有壮观的河海交汇景观、完整的湿地生态系统、全国

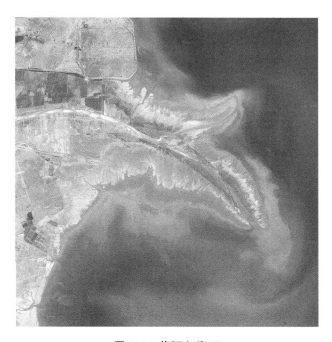

图 3-6　黄河入海口

第二大油田——胜利油田、滨海滩涂等独具特色的旅游资源。黄河入海时,黄蓝泾渭分明,每年造陆大约2 000公顷,演绎着沧海桑田之变。

山东黄河三角洲国家级自然保护区景观旷、奇、新、野,共有1 632种野生动物和685种植物,其中包括20余种国家一级重点保护野生鸟类和60余种国家二级重点保护野生鸟类。沿海有广袤的草原景观,高耸的钻塔、成林的采油树、海上钻井平台等石油工业景观也展现着独特的魅力。平整的滩涂和细腻的底质,成为赶海、泥浴的良好场所。延伸入海数千米的防浪堤和100多千米的拦海大堤,为游客提供了观潮、赏月、看日出的理想去处。

黄河入海口区域不仅有最具代表性的"生长"土地的河口,还是石油宝库、红色圣地、黄金海岸。黄河在东营市垦利区境内120千米,年径流量300亿立方米。平常年份,黄河每年携沙造陆2 000公顷左右,人们称之为中国"生长"土地最快的地方。东营市垦利区土地资源丰富,开发潜力巨大,人均占有土地是山东省平均水平的5倍多,是中国东部沿海地区土地后备资源丰富的地区之一。黄河入海口是胜利油田的主产矿区,地下油气资源富集。胜利油田的第一口高产油井就是在黄河入海口垦利区胜坨镇胜利村开采成功的,胜利油田由此得名。胜利油田自开发建设以来,其油气产量的43%、已探明储量的45%都出自垦利地下。黄河入海口所在的东营市垦利区是著名的红色革命老区。1941年,八路军山东纵队三旅进驻当时的垦利区,建立了垦区抗日根据地,当时著名的"八大组"就是现在的永安镇,老一辈革命家许世友、杨国夫都曾在这片土地上战斗过,垦利区广大军民为抗日解放战争的胜利做出了重要贡献。黄河入海口东营市垦利区黄河口镇濒临渤海,既有河海交汇处黄蓝分明的神奇景观,也有碧海蓝天的海滨特色(图 3-7)。黄河入海口附近海洋生物物种多样性高,盛产黄河口刀鱼、东方对虾、文蛤、虾皮、梭子蟹、鲈鱼等名优海产品,素有"百鱼之乡""黄金海岸"的美誉。

图 3-7　黄河入海口河海交汇处

3.6.3　黄河三角洲

黄河三角洲,是指黄河入海口携带泥沙在渤海拗陷处沉积形成的冲积平原(图 3-8)。黄河入海口历史上多次变迁,一般所称"黄河三角洲",多指以垦利宁海为顶点,北起套尔河口,南至支脉沟口的扇形地带,面积约 5 400 平方千米,其中 5 200 平方千米在东营市境内。由于位置优越,这里形成了独特的湿地生态系统。我国已在此建立山东黄河三角洲国家级自然保护区(图 3-9),这里的旅游产业也发展起来。

图 3-8　黄河三角洲湿地

图 3-9　黄河三角洲国家级自然保护区风貌

　　黄河三角洲平原海岸起自漳卫新河口,东经现黄河口,至支脉河口。海岸曲折多弯,曲折率达 3.8。黄河三角洲平原主要是 1128 年(宋建炎二年)以前由黄河淤积形成的,至今 890 多年间,很少受黄河尾闾摆荡影响,长期受潮汐、风浪的改造作用,沿岸形成了宽广平坦的潮滩和树枝状密布的潮水沟。潮滩由黏土质粉沙及粗粉沙组成。向海平均坡降小于 1/10 000。潮滩宽度自西向东变大,漳卫新河河口外宽约 6 千米,至套尔河河口湾内滩面宽达 22 千米,是渤海沿岸潮滩宽度最大的地方,潮水沟规模最大,分布密集。顺江沟口—支脉河口海岸段,为 1855 年(清咸丰五年)黄河由河南铜瓦厢决口,夺大清河入海后形成的近代黄河三角洲海岸。在 1976 年黄河口故道(钓口河故道)以西,海岸多弯曲,呈河口大嘴与海湾相间排列形式。钓口河大嘴以东转南,至支脉河口海岸轮廓相对比较平直。海岸潮滩以顺江沟至钓口河间及支脉河口外发育好,宽度在 6 千米左右,潮水沟发育。其余岸段潮滩宽度多小于 6 千米。滩面坡度介于 1/10 000～1.5/10 000。该海岸是近代黄河三角洲淤涨最快的海岸段。1855—1984 年,全线共淤进 18.47 千米,平均淤进速率为 0.16 千米/年。其中,清水沟流路黄河口大嘴淤涨最快,可达 3.64 千米/年;挑河湾以西和宋春荣沟口以南,淤进速率一般为 0.08 千米/年。(山东省地方史志编纂委员会,1996)

　　黄河三角洲土壤因受近代黄河泛滥沉积影响多形成滨海潮土,其特点是在原来含盐量很高的滨海盐渍物质上,覆盖了一层源自黄土高原的黄河冲积物,厚度 1～4 米,土质比较肥沃,自然植被生长较好,曾有大片天然柳林与柽柳林。因土壤含盐量较高,植被分布受到土壤、地形限制,植物种类贫乏,植被类型单一,顶极群落主要为盐化草甸和一年生盐生植物群落。

黄河三角洲地带由于黄河多次改道,地面略有起伏,海拔 1～2 米,多见坡地、洼地及河滩高地等微地貌景观,是旱、涝、碱多灾害地区。区内水系发育,为马颊河、徒骇河、黄河、小清河、弥河、白浪河、潍河等河流入海处。除黄河常年侧渗补给地下水外,其余河流仅汛期补给地下水。岩性为以海积及冲积为主的黏性土夹薄层沙。除沿古河道带分布有厚度不大的浅层淡水透镜体外,均无淡水。

黄河三角洲卤水、油气、地热等资源极其丰富。地下卤水分布于唐头营、城寨屋子以东,赵家屋子以南,东义和支脉沟以西,此为一西、北、东三面封闭,南与莱州湾沿岸地下卤水相连接的纺锤状卤水分布区。三角洲两翼地下卤水分布区,东至徒骇河东岸,西至沙沟子东,南界时家台子、马山子,北界可能延伸至海区内。地下卤水分布总面积约 1 794 平方千米。据 2017 年统计数据,东营全市地下卤水资源量 58.43 亿立方米。黄河三角洲地下是个古老的盆地,地质上被称为济阳拗陷。过去外国人断言华北无油,而胜利油田发现 60 多年来的事实证明,那里不仅有油气储藏,而且储量相当丰富。胜利油田工作区域分为东部油区和西部油区。其中,东部油区主要分布在山东省东营、滨州等 8 个市的 28 个县(区)内以及海上辽东地区,主体部分位于东营市,地处黄河三角洲地带,跨越济阳、昌潍两拗陷区。至 2020 年年底,胜利油田已找到不同类型油气田 81 个,累计探明石油地质储量 55.87 亿吨,投入开发油气田 74 个,累计生产原油 12.46 亿吨,累计生产天然气 594.02 亿立方米。黄河三角洲地区地下热水覆盖很厚,一般热水孔深在 1 000～3 000 米。地热资源主要分布在以东营城区为中心的东营潜凹区和以河口—孤岛—仙河为中心的车镇潜凹区以及垦利、广饶、利津部分地区。据 2017 年统计数据,黄河三角洲地下热水分布面积约 5 655 平方千米,查明地下热水资源量 3 447 亿立方米,此处是山东省地热资源最丰富的地区。

3.6.4 黄河三角洲陆-海-河作用

黄河三角洲具有典型的快速变化特性及独特的沉积动力过程。黄河尾闾改道频繁,自 1855 年夺大清河河道入渤海以来发生较大改道 11 次,造成各海岸段的淤积与侵蚀历史各不相同。因此,黄河三角洲受到陆-海-河作用明显,陆海物质交汇,咸淡水混合,径流和潮流相互作用,动力过程复杂。不同海域由于各底质、地形、地貌、水动力学过程等特征不同,其冲淤演变以及沉积动力过程具有明显差异。根据陆海相互作用的观点,黄河流域、黄河干流、河口三角洲及其邻近海区的生态环境相互联系,组成了一个有机的生态系统,可称为黄河-渤海生态系统。黄河流域的降水量、土壤植被条件使黄河干流具有水少沙多、水沙异源和水资源缺乏的特征(黄海军等,2005;陈小英,2008)。干流入海水、沙通量变化影响了黄河三角洲地区的侵蚀、堆积和发育过程。黄河入海口及邻近海域形成了具有高生产力的生态环境和著名的渔场。另外,从 2001 年开始,黄河调水调沙使得黄河入海口及邻近海域地貌环境、水沙场、化学场等发生剧烈变化。调水调沙下营养盐、沉积物和污染物质等的集中输运,对滨海湿地生源要素循环、生态系统结构和功能产生重要影响。

黄河水少沙多,水沙量季节性集中。黄河每年携带的大量泥沙淤积于河口区域,促使新生湿地发育和扩张。同时,黄河入海流路频繁变迁和河口冲淤演变塑造出了形态复杂、类型较多的陆上地貌、潮滩地貌和潮下带地貌,形成了河流湿地、河口湿地、潮间带滩涂湿地、潮上带重盐碱化湿地、芦苇沼泽、疏林沼泽、灌丛沼泽和湿草甸等湿地类型,构成了我国沿海最大的植被群。

3.7 典型海岸地貌及成因

3.7.1 典型海岸地貌

3.7.1.1 海湾

海湾三面环陆,另一面为海,有 U 形、Ω 形、圆弧形等海岸形态,是海岸线的向陆凹进部分或海洋向陆的突出部分。通常以湾口附近两个对应海角的连线作为海湾最外部的分界线。海湾形成方式主要有 3 种:①由于伸向海洋的海岸岩层软硬程度不同,软弱岩层不断遭到侵蚀而向陆地凹进,逐渐形成了海湾。②当沿岸泥沙纵向运动形成沙嘴时,海岸带一侧被遮挡而呈凹形海域。③当海面上升时,海水进入陆地,岸线变曲折,向陆凹进的部分即成海湾。海湾由于湾口两侧岸线的遮挡,在湾内形成波影区,使波浪、潮流的能量降低。沉积物在湾顶沉积形成海滩。当运移泥沙的能量不足时,可在湾口、湾中形成拦湾坝,分别称为湾口坝、湾中坝。

山东省内及周边著名海湾有渤海湾、胶州湾、莱州湾。

渤海湾是中国渤海三大海湾之一,位于渤海西部,唐山市、天津市、沧州市和山东省黄河入海口的半包围区域内。海河注入渤海湾。在蓟运河河口,由于输沙量少和受潮流的冲刷,形成一条从西北伸向东南的水下河谷,至渤海中央盆地消失。渤海湾盆地形成于中生代和新生代。渤海湾正处在中生代古老地台活化地区,位于冀中、黄骅、济阳三拗陷边缘,经历了各个地质时期的构造运动和地貌演变,形成湖盆,并覆有1~7千米厚的松散沉积层。因海水几经进退,海湾西岸遗存有沿岸泥炭层和3道贝壳堤。海底沉积物经水动力的分选作用,呈不规则的带状和斑块状分布。一般来说,沿岸粒度较粗,多粉沙和黏土粉沙,其中东北部沿岸多沙质粉沙;海湾中部粒度较细,多黏土软泥和粉沙质软泥。渤海湾有丰富的油气资源。渤海湾为陆上黄骅含油拗陷的自然延伸地带,生油拗陷面积大,第三系沉积厚,为中国油气资源较丰富的海域之一。渤海湾地下热水、煤成气藏资源也丰富。渤海湾滩涂广阔,潮间带宽3~7.3千米,淤泥滩蓄水条件好,利于盐业开发。长芦盐场即位于渤海沿岸,是我国四大盐场之一,也是我国海盐产量最大的盐场。渤海湾河口附近,浮游生物和底栖生物多,为鱼虾索饵、产卵的良好场所,出产多种鱼、虾、蟹、贝。

胶州湾,古称少海、胶澳,位于中国黄海中部、胶东半岛南岸、山东省青岛市境内,为半封闭海湾,近似喇叭形。出口向东,面积近500平方千米,港阔水深且终年不冻,风平浪静,是我国较大的天然优良港湾。著名的青岛港便位于胶州湾东南部。湾内有南胶河、大沽河等注入,海水营养丰富,是重要的水产区。这里也是山东省的海盐主产区。因此,胶州湾被称为青岛的母亲湾。胶州湾位于鲁北隆起的海阳—高密拗陷和胶南隆起的过渡带,太古代以来长期处于稳定上升、剥蚀夷平过程中,随着中生代以来胶东断陷盆地不断沉降,胶州湾内第四纪沉积厚度不大于30米(张丽霞等,2022)。海底以下的海湾相沉积厚7~12米,其碳-14测年值在11 000年以内,下伏皆为陆相沉积,表明胶州湾形成于全新世。胶州湾北部和西北部为平原,东部为崂山山脉,南部和西南部为小珠山脉。胶州湾渔业资源、盐及盐化资源、矿砂资源和风能资源极其丰富,为青岛经济社会发展提供了丰富的资源。

莱州湾位于渤海南部,是渤海三大海湾之一,为黄河口至龙口一线以南的海域,面积约 6 000 平方千米,是山东省最大的海湾。黄河口处于海湾西岸。由于黄河携大量泥沙流入,海底堆积迅速,浅滩变宽,海水渐浅,湾口距离不断缩短。莱州湾岸线及海域分属山东省东营市的垦利区、东营区、广饶县,潍坊市的寿光市、寒亭区、昌邑市,烟台市的莱州市(图 3-10)、招远市、龙口市。由于黄河口向海淤进,海湾的面积不断发生变化。

图 3-10　莱州湾东岸莱州市海域

　　莱州湾属次生湾,其地质基础是郯庐断裂带在山东省的沂沭断裂带,但它的一翼又是现代黄河三角洲,所以也可称它为复合成因的海湾。1855 年黄河北徙以前,现莱州湾和渤海湾为一个海岸圆滑的完整海湾。1855 年以后,由于黄河三角洲不断从原来的湾顶向海淤进,此海湾一分为二,形成渤海湾和莱州湾两个独立的海湾(张丽霞等,2022)。因此,莱州湾是中国最年轻的海湾。莱州湾岸线长,在东部又形成若干较小的港湾,主要包括龙口湾、三山岛港、石虎嘴、虎头崖港、太平湾等。主要岛屿包括芙蓉岛、辛庄暗礁、老店暗礁、马埠暗礁、桑岛、依岛、滑石礁、屺姆岛等。莱州湾海岸地貌主要包括 3 部分:龙口市屺姆岛—莱州市虎头崖为沙质海岸;虎头崖—东营支脉沟为淤泥质海岸;支脉沟口—黄河入海口为黄河三角洲海岸,向海淤进很快。莱州湾较为开阔,水下地形平缓,绝大部分的水深在 10 米以内,最大水深 18 米(位于湾的西北部)。在构造上是一拗陷区,新生代沉积厚度大,底质以粉沙淤泥为主。黄河三角洲是一巨大的扇形堆积体,在地质构造上为一向东倾斜的东西向凸起。黄河输沙中的 1/5 在口门附近落淤,形成河口沙嘴和由粗粉沙组成的三角洲。黄河三角洲的水下前缘坡折可延伸至水深 15 米左右。黄河入海的泥沙向 3 个方面扩散:大部分随余流转入莱州湾;一部分随河口射水冲入渤海深水区;少部分随弱余流进入渤海湾。莱州湾入海河流主要有北胶莱河、潍河、小清河、白浪河等。莱州湾来水径流量年际变化大,北胶莱河年径流量为 4.96 亿立方米,悬移质年平均输沙量为 27.4 万吨。潍河年径流量为 14.7 亿立方米。潍河上游水土流失严重,悬移质年平均含沙量为每立方米 2~3 千克。据辉村水文站 1952—1959 年、1962—1965 年实测资料,淮河悬移质年平均输沙量为 342 万吨。小清河年径流量为 13.7 亿立方米,悬移质年平均输沙量为 34.7 万吨。莱州湾附近渔业资源、金矿、油气资源、地下卤水资源丰富,为环湾的东营、潍坊、烟台提供了重要的经济发展资源基础。

3.7.1.2 海蚀柱

海蚀柱为基岩海岸受海浪侵蚀、崩坍而形成的与岸分离的岩柱。山东省海蚀柱地貌典型代表为青岛石老人海蚀柱(图 3-11)。2022 年上部坍塌前,其出水面 15 米,周长约 30 米。该巨石远远望去像一尊老人的雕像,人称"石老人"。"石老人"中部有一高 8 米、宽 3 米的鸡心状的海蚀洞。在海上掀起大风浪时,汹涌的海水冲过海蚀洞,发出哗哗的声响。这是"石老人"的呼喊,大海的呼唤。相传,一位勤劳善良的渔民与聪明美丽的女儿相依为命。不料,一天女儿被龙太子抢进龙宫。可怜的老人日夜在海边呼唤,望眼欲穿,不顾海水没膝,直盼得两鬓全白,腰弓背驼,仍执着地守候。后来趁老人坐在水中挂腮凝神之际,龙王施展魔法,使老人身体渐渐僵化成石。这当然只是一个美丽的传说。其实,很早以前,"石老人"原是一块伸进大海中的尖形陆地。在漫长的岁月里,浸在海水中的岩石经受着风吹日晒和海浪日复一日的"侵蚀",变得"千疮百孔"。天长日久,岩石上的这些石缝、石孔被掏成了石洞,两边的海水连通起来。随着海浪的冲击,尖形陆地下部的空洞越来越大,导致上部岩石塌落,残留在海中的岩石被"雕琢"成了"石老人"。

图 3-11　山东青岛石老人海蚀柱

3.7.1.3　海蚀崖

　　海蚀崖为基岩海岸受海蚀作用和重力崩落作用,常沿断层面、节理面或层理面形成的陡壁悬崖。在海蚀崖与高潮海面接触处,常有海蚀穴形成。海蚀穴逐渐扩大后,上部的岩石会因失去支撑而垮塌。海蚀崖常沿岩石的断层面和节理面发育。在其坡脚下常堆积有崩坠下来的岩块。这些岩块如果不被波浪搬走,海蚀崖的坡脚将受到保护而不再后退。海水以其巨大的冲击力,对海岸进行连续性的冲蚀,使兀立的岸岩下部被掏空,上部虚悬,最后悬岩塌落,形成角度不等的崖壁。

　　山东省青岛市灵山岛东北端有一道陡峭的海蚀崖壁(图 3-12),高数十米。原来这里有高山的岩体深入海中。经大海狂涛细浪的撞击,深入海中的部分断碎成海里的礁石,海岸就出现了这道壮观的海蚀崖壁。灵山岛的地质构造属中生

图 3-12　山东省青岛市灵山岛海蚀崖

代白垩纪岩浆岩。在白垩纪,造山运动非常剧烈。这道海蚀崖壁有无数层岩石,每层都倾斜着指向高天。这层层叠叠的岩石证明了现在的崖壁是经过漫长的光阴,从海底慢慢升起来的。崖壁上有海蚀洞、五彩石、硅化木化石等。灵山岛海蚀崖吸引着众多游人前来观光,也吸引着国内外地质专家和爱好者前来探索地壳变动的秘密。

3.7.1.4　岬角

岬角是伸入海中的尖角形陆地,常见于半岛的前端,如我国山东省的成山头、非洲南端的好望角。岬角主要是海浪对由不同物质组成的海岸的差异侵蚀所致。岬角三面环海,与海有着较大的接触面积,有着更容易形成各种海岸特色地貌的条件。山东半岛地区岬角众多,又以威海市的成山头最为著名。

图3-13展示的便是著名的成山头景区风光。成山头直插入海,临海山体绝壁如削,悬崖下海涛滚滚、流水汹涌,经常受到强风、巨浪和风暴潮的冲刷,已成为我国研究海洋天气、物理海洋、海上能源等方面内容的重要科学基地。成山头还存在着我国罕见的典型沙嘴、奇异的海蚀柱和海蚀洞等海蚀景观,以及引起海内外海洋地质学界高度重视的柳夼红层等天然遗存,有很高的科研价值。

图3-13　山东威海成山头岬角

3.7.1.5　海岸沙丘

海岸沙丘是海岸沉积地貌之一，指平行于海岸的垄岗状沙质堆积地形（图 3-14）。在宽广且有大量松散沉积物源的海边地带上，向岸的强烈海风把沙滩上尚未固化的沙粒刮到离岸不远处不断积聚，同时也拦截着从陆上刮来的物质，使沙

图 3-14　海岸沙丘细节图

堆不断拓宽、增长和增高，形成了海岸沙丘（董玉祥等，2022）。绵长的金色沙丘与浩瀚的蓝色大海相映生辉，构成一幅壮丽的海岸大漠景观。山东半岛的海岸沙丘较为丰富，最为典型的则为烟台海阳市潮里的海岸沙丘。

根据海岸沙丘成因和形态，海阳市潮里沙丘属于新月形沙丘（董玉祥等，2000）。因周围都是平坦开阔的海滩，故沙丘相对较高，更显雄伟。潮里沙丘主要由淡黄褐色的小细沙所构成，含有少许中细粒，主要成分为石英、长石等。沙丘的沙分选较好、松散、未胶结。

3.7.1.6　潟湖

潟湖，即被沙坝、珊瑚等分割而与外海相分离的局部海水水域。海岸带泥沙的横向运动常可形成离岸坝-潟湖地貌组合。当波浪向岸

运动,泥沙平行于海岸堆积,形成高出海水面的离岸坝。坝体将海水分割,内侧便形成半封闭或封闭式的潟湖。潮流可以冲开堤坝,形成潮流通道。涨潮流带入潟湖的泥沙,在通道口内侧形成潮流三角洲。潟湖沉积物来源于入潟湖河流、海岸沉积物和潮流三角洲,多由粉沙淤泥质夹沙砾石物质组成,往往有黑色有机质黏土与贝壳碎屑等。在海的边缘地区,由于与外海不完全隔绝或周期性隔绝,水咸化或淡化,形成不同水体性质的潟湖,能起隔离作用的可以是障壁岛、沙坝、沙滩、沙丘等。在潮湿地区因河水大量注入而发生淡化,在干旱、半干旱地区因强烈蒸发而发生咸化。在小潮差条件下,这种盐度变化可相当大。因此,潟湖可分为淡化潟湖和咸化潟湖两个亚相。当盐度大于35时为咸化潟湖,小于35时为淡化潟湖,它们在沉积物成分、生物特征等方面均有显著的不同。

沙砾质海岸是沙坝-潟湖体系发育的重要地区。该体系主要发育在低潮差的水域。潮差太大,对堤坝的形成不利;潮差太小,则无法保证潮流通道的畅通,潟湖也会迅速萎缩,甚至消失。在沙坝-潟湖体系中,一直存在着海浪和陆地的碰撞。山东沿海地区恰好是泥沙资源比较丰富的地区。胶莱河、潍河和大沽河等河流进入海湾,将沉积物运至港湾,形成三角洲或堆积体。同时,波浪也在忙碌地参与沙坝的塑造。不同的岸段,地形有很大的差别。例如,山东半岛北面的海岸线是平顺的,潟湖的沙坝大多是带状的,且与海岸平行,这就是所谓的滨外坝;南部沿海则多为蜿蜒深邃的港湾,湾口狭长,湾内分叉地向内延伸,潟湖的沙坝像是一个弯曲的沙嘴,把狭长的港湾口与外海隔绝开来。此外,泥沙与岛屿相连,形成连岛,也成为沙坝的一部分。图 3-15展示的是某地潟湖。

图 3-15　某地潟湖

沙坝-潟湖体系是山东半岛典型的海岸地貌,也是山东半岛具有发展前景的旅游资源、不可缺少的海洋科普资源(王友爱,2010)。这些潟湖和所在的国家湿地公园都位于海陆的交汇地带,兼具海洋与陆地景观。到此的游客会享受到独特的视觉盛宴,并实地学习到相关的地理地质知识和物理海洋知识。

3.7.2　典型海岸地貌成因

地质构造运动奠定了海岸地貌的基本轮廓。在此基础上,波浪作用、潮汐作用、生物作用及气候因素等塑造出众多复杂的海岸形态。

3.7.2.1　波浪作用

传入近岸的波浪因水深变浅而变形,水质点向岸运动的速度大于离岸运动的速度,形成近岸流。近岸流作用产生水体向岸输移和底部泥沙向岸净输移。在波浪斜向逼近海岸时,破波带内产生平行于海岸的沿岸流动。这样,向岸的水体输移和由此产生的离岸流、波浪破碎造成的激浪流、潮流构成了近岸流系。此流系海水的流动产生强烈的泥沙运动,形成一系列海岸堆积地貌。(中国大百科全书总编辑委员会本卷编辑委员会等,1987)

3.7.2.2　潮汐作用

潮差的大小直接影响着海浪和近岸流作用的范围。在由细颗粒组成的泥质海岸带,潮流是泥沙运移的主要营力。当潮流的实际含沙量低于其挟沙能力时,可对海底继续侵蚀;当潮流的实际含沙量超过挟沙能力时,部分泥沙便发生堆积。

3.7.2.3　生物作用

在热带和亚热带海域,珊瑚和珊瑚礁的大量发育构成珊瑚礁海岸;在红树林和盐沼植物广泛分布的海湾、河口的潮滩上,可形成红树林海岸。后者是平静、隐蔽的海岸环境,细颗粒物质易于堆积。在有些海岸上,生物的繁殖和新陈代谢对海岸岩石有一定的分解和破坏作用。

3.7.2.4　气候因素

在不同的气候带,温度、降水、蒸发、风速、风向等条件的不同,海岸风化作用的形式和强度各异,便形成不同的海岸形态,并使海岸地貌具有一定的地带性。

3.8　山东海盐

　　山东海盐在中国历史上赫赫有名。鲁北滨海区域可谓我国最早的海盐生产地,古文献记载的"夙沙氏",就是炎黄时期在鲁北沿海"煮海为盐"的部落,历代被奉为"盐宗"。山东海盐的生产和流通历经数千年,深刻影响着中国历史进程。

　　据《大众日报》报道,目前山东省原盐产量占全国 1/3,其中山东潍坊、东营、滨州等鲁北滨海区域生产的海盐产量占全国海盐总产量的 75% 以上。于 2013 年被列入全国重点文物保护单位的南河崖盐业遗址群,位于东营南河崖村附近,东距莱州湾 10 余千米。遗址群南侧有一道古贝壳堤,小清河从遗址群南部穿过。该遗址群是商周时期重要的食盐生产地之一,总面积约 500 万平方米,共发现 60 多处盐业遗址(图 3-16),其中,商末周初遗址 53 处,东周遗址 12 处(另有 4 处与早期遗址重合),汉魏遗址 2 处(与早期遗址重合)。南河崖盐业遗址群的发掘,是中国古代海盐生产遗址的首次大规模科学发掘,发现的煮盐遗存能够组成一个完整的煮盐流程,对于研究古代海岸变迁、制定现代防治海水倒灌的相关对策具有重要的学术价值。

图 3-16　东营南河崖盐业遗址群及考古出土的制盐器具

今天的山东渤海沿岸,星罗棋布的盐业遗址和现代盐田交织成亮丽的风景。山东海盐生产以地下卤水制盐为主,海盐产区主要分布在环渤海沿岸。莱州湾沿岸的潍坊市、东营市广饶县和烟台莱州市为山东海盐主产区,而莱州湾沿岸地下卤水是沉积封存于几十米地下的浓缩古海水(图 3-17)。

图 3-17 莱州湾沿岸的地下卤水制盐场

4

山东省海洋历史文化、科技教育资源

文化,广义指人类社会的生存方式以及建立在此基础上的价值体系,是人类在社会历史发展过程中所创造的物质财富和精神财富的总和,可分为 3 个层面:①物质文化,指人类在生产生活过程中所创造的服饰、饮食、建筑、交通等各种物质成果及其所体现的意义。②制度文化,指人类在交往过程中形成的价值观念、伦理道德、风俗习惯、法律法规等各种规范。③精神文化,指人类在自身发展演化过程中形成的思维方式、宗教信仰、审美情趣等各种思想和观念。狭义指精神生产能力和精神创造成果,包括一切社会意识形式:自然科学、技术科学、社会意识形态。文化是一个国家综合国力的重要组成部分,是一个国家的软实力。

无论哪种文化,都是人类在社会实践和社会活动中形成的精神和物质成果。海洋文化在某种程度上是相对于大陆文化而言的,是人类在开发利用海洋的社会实践活动产物,是整体人类文明的一部分,具有海洋性。

海洋历史文化资源主要指的是人类在围绕海洋进行的活动中创

造的物质、精神财富。

在我们的调查研究中,山东省的海洋历史文化、科技教育资源主要包含了以下几个部分:神仙文化、海洋军事文化、海洋民俗文化、重要海洋港口、涉海历史名人、海洋湿地保护与地质公园、海洋科研与海洋教育队伍概况、与山东有关的涉海国家战略政策概况。

4.1 神仙文化

蓬莱阁使烟台市蓬莱区闻名于世,而神仙传说为蓬莱区涂上了神秘色彩。这一切的来源之一是奇妙的海市蜃楼现象。当迷蒙而神秘的海市蜃楼显现之际,但见缥缈的幻景"聚而成形,散而成气",千姿百态,不断变幻。忽而如楼台,似亭阁;忽又似奇树,像怪峰;时而横卧于大海,时而倒悬在天空;若断若连,若隐若现,在朦胧中仿佛有人影在晃动;一会儿长桥飞架,一会儿高楼大厦;耸立东边倒挂的奇峰刚刚隐去,西边林立的烟囱又赫然入目。

因为海市蜃楼,才有了蓬莱、瀛洲、方丈 3 座神山之说,也才有了秦皇汉武的求仙访道之事。在公元前 219 年,秦始皇来到东海之滨。当时,天风浩荡,海水浩渺。在此处,他见到了海市蜃楼的幻景——仙山琼阁,美不胜收。在心神俱醉之余,他征召了大批方士,咨询有关海中神祇和仙药之事。一位名叫徐福的方士向秦始皇上奏:"海中有三神山,名曰蓬莱、方丈、瀛洲,仙人居之。请得斋戒,与童男女求之。"始皇大喜,随即下诏征童男女三千及百工匠人,由徐福带领,携五谷等物,向东入海"求仙"。司马迁在《史记》中说,徐福带领他的船队两次出海,终于到了一片叫"平川广泽"的地区。这"平川广泽",据猜测或许就在日本某地。徐福出海的地址,有些人认为在当时的琅琊郡,也有些人以为就在现在的蓬莱(当时属齐郡的黄县)(牟志勇,2000)。

自古以来,蓬莱便流行着崇拜仙人之风。而蓬莱的仙人文化,从战国时代开始兴盛,绵延不绝。至明清年间,县志上记述的地方性神祇人物就已有数十位。传说正月十六是天后(海神娘娘)的生日,于是蓬莱人便有了正月十六赶庙会的风俗(图 4-1)。当天,他们从四周八方赶到蓬莱阁天后宫,进香膜拜、求签发愿、捐香火钱。各个村由村民组成的戏班在蓬莱阁的戏楼与广场上演神戏。当是时,蓬莱阁上人山人海,热烈非凡。而正月十三、十四,渔夫们还要过渔灯节(图 4-2)。他们纷纷到龙王宫送鱼灯、进奉贡品,祈祷龙王爷保佑,以图新年出海平安,捕捞丰收。根据习俗,要供祭船、送渔灯、放鞭炮,并且进行休闲活动。新春季节,渔民们造了新船,会选择黄道吉日,在船首结彩,在船桅挂旗,设供物、点火烛、焚香纸、鸣爆竹、行大礼,然后用丹砂笔给新船点睛,高喊"波静风顺""百事大吉",之后才送船入海。

图 4-1　蓬莱阁景区的庙会

图 4-2　蓬莱市渔灯节兴高采烈的渔民

4.2　海洋军事文化

军事活动也是人类实践活动,这种活动围绕海洋展开,反映出人类的海洋军事文化。

属于全国重点文物保护单位的蓬莱水城(图 4-3),位于烟台市蓬莱区丹崖山东侧,它的历史要追寻到宋代。宋朝在此建用来停战船的刀鱼寨,防御北方契丹入侵。明朝在刀鱼寨的基础上修筑水城,又名"备倭城",总面积 27 万平方米,南宽北窄,呈不规则四边形,负山控海,形势险峻,设有水门、防浪堤、平浪台、码头、灯塔、城墙、敌台、炮台、护城河等海港建筑和防御性建筑,是国内现存最完整的古代水军基地。蓬莱水城是明清时期的重要军事要塞,在历史上曾起过积极作用,是一处独具特色的海防要塞,是我国现存较为完整的海防堡垒。

图 4-3　蓬莱水城

　　蓬莱水城与蓬莱阁相邻,是中国古代海防建筑的杰出代表。水城依山傍海,由水中城墙环绕而成,周长约 3 千米。出入海上的地方,建有一座水门,设有闸门。平时,闸门高悬,船只随意进出;一旦发现敌情,闸门放下,海上交通便被切断。水门两侧又各设炮台一座,驻兵守卫,形成了一个进可攻、退可守的防御体系。

　　由于蓬莱水城地处明末海防前沿,战略上十分重要,朝廷统辖山东沿海战防事宜的备倭都司府(全称"总督登莱沿海兵马备倭都指挥使司官衙")就设在水城中。当时的备倭都司管辖即墨、登州、文登三营和二十四个卫所,兵力接近六万人,蓬莱水城成为山东、扬州、金山、浙江、福建、广东沿海各省中最为牢固的一道防线。

　　宋、明以来,水城一直是胶东沿海停泊战船、驻托水师、屯兵练武之地。水城内外的主要建筑有水门、防波堤、平浪台、码头、炮楼、灯楼、护城河和水师营地。水城虽然经历了 600 多年风雨的侵蚀和海水的冲刷,但雄伟气势丝毫未减。

蓬莱还是明代杰出军事家、民族英雄戚继光的故里。戚继光曾在此训练水军,建造大小战船、战车,抗击倭寇10余年,蓬莱水城因此而扬名海内外。

刘公岛,位于中国东部山东半岛东端威海湾湾口,岛面积3.15平方千米,岛岸线长14.95千米,是威海市海上天然屏障,在国防上有着极其重要的地位。区内出露的地层以下元古代胶东岩群的各类变质岩为主,岩层以黑云斜长片麻岩为主,夹变粒岩、斜长角闪岩及透镜状大理岩。刘公岛属大陆岛,其前缘有被海平面淹没的迹象,西端有海拔12米的海蚀阶地。岛上峰峦起伏,海拔多在100米上下。主峰旗顶山,呈东西走向,余脉绵延迄海,海拔153.5米,为岛上最高点。地势西高东低,北陡南缓。岛岸线北岸曲折,坡短岸陡,侵蚀特征明显,多海蚀崖。东北及西部近岸多明、暗礁石及乱石滩。南岸平直,多沙滩。

山东省威海市刘公岛是我国海洋军事文化中不可磨灭的印记。19世纪,清廷筹办了北洋海军。威海卫因其自然优势,成为北洋海军主要基地。1888年,北洋海军于刘公岛开始成军,清廷在岛上建立了提督署、炮台、水师学校、铁码头等配套齐全的海上军事设施。1894年,中日甲午战争全面打响,北洋海军提督丁汝昌带领官兵保家卫国、浴血战斗,展现了高尚的民族气节和可歌可泣的爱国奉献精神。在此期间,举世闻名的黄海海战、威海卫防御战等战役广为流传,成为中华民族反抗侵略、抵御外侮历史中的光辉篇章。

岛上现有北洋水师遗址与中国甲午战争博物院等(图4-4),为进行海洋军事文化与爱国主义宣传的优选之地,入选了"100个好客山东网红打卡地"名单,被山东省民政厅认定为省级地名文化遗产(史兆光等,2015)。

图 4-4　刘公岛甲午战争博物馆

在国内,山东的海洋军事战略位置举足轻重。因此,山东驻军多,部队演习保障任务重。北海舰队机关驻地位于青岛。军港,是专供海军舰艇使用的港口,是海军基地的组成部分,通常有停泊、补给等设备和各种军事防御设施。大型军港通常同机场和对空、对海火力配系,构成完整的防御体系。我国第一座航母军港就位于青岛。

4.3　海洋民俗文化

海洋民俗文化是在沿海地区和海岛等一定区域范围内流行的民俗文化,它的产生、传承和变异与海洋有密切关系(曲金良,1999)。民俗作为人类行为事项、社会现象,与所处的地理环境密切相关,可以说自然地理环境对塑造民俗起到不可忽视的作用。海洋民俗文化是沿海和海岛等地域的居民在长期与海洋相处过程中逐渐积累沉淀而成的具有浓郁地方特色的民间文化,包括节日民俗、渔民禁忌信仰,以及在饮食、居住、语言、服饰方面等文化。大海深深吸引着人们,海洋旅游业逐渐兴起,海洋民俗在海洋旅游中扮演重要角色,海洋文化的继承与发展也越发受到关注。海洋民俗文化已经成为一种重要的旅游资源,具有很高的经济价值和社会价值。

4.3.1 山东海洋民俗文化分类

山东省海洋资源丰富,海洋民俗文化源远流长,沿海居民的生产文化、饮食文化、信仰文化等逐渐形成特色。特殊的地理环境因素造就了山东沿海地区独特的饮食、服饰和居住文化。在对海洋的开发过程中也有对海洋的敬畏,在长期与海洋相处的过程中形成了具有特色的海洋信仰与民俗禁忌。

4.3.1.1 山东沿海饮食文化

齐鲁大地是中国儒家文化的发源地,历史悠久,文化底蕴深厚,饮食文化同样如此。山东沿海存有远古时期食用鱼贝的历史痕迹,盛行食海鲜之风,形成独特的食海鲜风俗。山东沿海地区由于受海洋的影响,气候相对于同纬度的内陆地区较温和,夏无酷暑,冬无严寒,适合众多海洋生物栖息繁殖,海产资源十分丰富。在山东沿海,饮食文化凝结齐鲁的古韵风范,从远古时代采食鱼贝,到先秦时期的食鱼之风,以孔府鲁菜为根基,加之生鲜海味,形成历史气息浓厚的海洋饮食文化。

4.3.1.2 山东沿海服饰文化

山东沿海居民早期以打鱼、制盐为生,长期在海上或海边作业,服饰具有防水、防寒的特点。渔民出海时着油衣;在较冷的秋冬季节则穿质地厚实的大襟衣服,不用纽扣,既防寒,又能在落水后尽快脱掉衣服逃生。在日照地区冬季穿由妻子或母亲特制的夹袄。夹袄通常用顺色的旧布一层层拼接而成,既御寒,又挡风。这种防水、保暖又便于自我保护的服饰特点已成为当地特色。

4.3.1.3　山东沿海居住文化

海草房是胶东半岛地区特有的民居形式。它以石为墙,以海草为顶,外观古朴,冬暖夏凉,坚固耐用,曾大量分布于青岛、烟台、威海的沿海乡村,现在大多已经消失,主要零星出现于烟台长岛和莱州、威海荣成和文登沿海地区。海草房具有很高的生态价值和审美价值,是珍贵的建筑历史遗产,也是整个胶东民俗文化的重要符号。

4.3.1.4　山东沿海地区信仰与禁忌

海洋的神秘性和海洋灾害使沿海居民对海洋拥有敬畏心理,独特的海神崇拜现象由此产生。沿海的渔民有供奉龙王、海神娘娘的风俗,每当出海前或节日时烧纸焚香,祈求平安。

大海变幻莫测,古时渔民海上作业常遇危险。人们对海洋缺乏正确认知,转而求神保佑,并形成各种禁忌,以图吉利,规避风险。例如,出海最怕船翻,所以吃鱼时翻面说"划过来"而非"翻过来";向碗里盛饭要说"装饭",因为"盛"与"沉"发音接近;渔家的锅、碗、盆、勺不能扣放,因为扣放含有翻船之兆;筷子不能横搁在碗盆沿口或插进饭碗,因为那样像船搁浅或触礁。

4.3.2　山东海洋民俗文化举例

山东沿海饮食、服饰、居住文化及信仰与禁忌形成了山东独特的海洋民俗文化。在青岛、烟台、威海、日照等地,妈祖文化传承至今,祭海活动和与海洋有关的民俗节庆种类繁多。

4.3.2.1 青岛妈祖文化

妈祖端庄典雅,慈悲为怀,救苦救难,反映出和平、博爱、共存的精神(戴一航,2012)。中国南部沿海是妈祖文化的诞生地。随着南北海上交流的增多,妈祖文化向北传播。妈祖文化,是我国不同时代的人们在颂扬和信仰妈祖的过程中所形成的精神财富的总和,是中华民族重要的文化瑰宝。

虽然妈祖文化的源头并不在山东省,但妈祖文化早已深入山东沿海人民的精神世界之中。

以青岛市为例,北宋时期妈祖信仰就已经在青岛铺散开来。据记载,最早的海神庙为北宋元丰七年(1084 年)在板桥镇建造。之后三朝,青岛多地都建过海神庙。其中,青岛天后宫保留至今,最为著名(图 4-5),是青岛市区现存最古老的明清砖木结构建筑群。民间有"先有天后宫,后有青岛市"之说。

图 4-5 青岛天后宫

青岛天后宫是明代成化三年(1467 年)由青岛村胡姓族人捐资兴建的,供奉妈祖、龙王和财神,距今已有 500 多年的历史,现在成为新正民俗文化庙会的举办地。新正民俗文化庙会是妈祖信仰和当地民俗相融合而形成的民俗活动形式,包括新年撞钟仪式、"迎新春"对联书写活动、灯谜大赛、民间艺术杂耍、民间游戏竞技表演、"祭海"民俗表演、民间剪纸大赛、元宵灯会等丰富多彩的民俗文化活动。新正民俗文化庙会是青岛市区最具代表性的海洋民俗文化庙会,在青岛人的心目中有着深远的影响(潘娜娜等,2011;杨倩等,2020)。

青岛天后宫集妈祖文化、民俗文化和海洋文化于一体,对当地海洋旅游发展起促进作用。无论是其布局、院内环境,还是因妈祖信仰而成的庙会,都具有很高的文化价值,是不可多得的文化遗产。

4.3.2.2　荣成渔民节

荣成渔民节(图4-6),即渔民开洋、谢洋节,于2008年入选国家级非物质文化遗产代表性项目名录。每逢谷雨的节气,鱼虾洄游至山东省荣成市院夼村南黄海近岸水域,当地因此流传着"鱼鸟不失信""谷

图 4-6　荣成渔民节

雨百鱼上岸"的说法。院夼渔民选择谷雨日祭海,祈求平安、丰收。渔民节是传统海洋文化的典型代表,在民俗学、宗教学、社会心理、地方历史文化等方面的研究中具有重要的参考价值。

4.3.2.3 烟台渔灯节

渔灯节是山东省烟台市沿海渔民特有的一个传统民俗节日,是从传统的元宵节中分化出来的,距今已有 500 多年的历史(图 4-7)。渔灯节吸引着来自世界各地的游客,已成为宣传渔家文化的有效载体。

图 4-7　烟台渔灯节

在渔灯节(每年农历正月十三或十四午后),烟台沿海渔民从各自家中出发,抬着祭品,举着彩旗,一路放着鞭炮,先到龙王庙或海神娘娘庙送灯、祭神,再到渔船上祭船、祭海,最后到海边放灯,祈求鱼虾满舱、平安幸福。除了这些传统的祭祀活动,现在的渔灯节还增添了在庙前搭台唱戏及锣鼓、秧歌、舞龙等种种群众自娱自乐活动。

渔灯节是渔家文化的典型代表,具有鲜明的渔家特色和丰富的文

化内涵,是传统海洋民俗文化的重要组成部分,于 2008 年入选国家级
非物质文化遗产代表性项目名录。

4.4　重要海洋港口

　　港口是指设位于江河、湖泊、海洋沿岸,具有一定面积的水域、陆
域和相应设施,供船舶靠泊、装卸货物、上下旅客及取得给养的场所。
其为水陆交通的重要汇集点和货物集散地,在海洋文化中具有不可取
代的重要意义。

　　在山东的海港中,青岛港(图 4-8)无疑是规模最大、吞吐量最高
的。其始建于 1892 年,地处环渤海地区港口群、长江三角洲港口群、
日韩港口群中心地带和"一带一路""十"字交汇点。青岛港集装箱吞
吐量居全球第五,为我国第二大外贸口岸,重点从事大型集装箱、原
油、铁矿石、木材、粮油等进出口商品综合港口业务,被交通运输部推
树为世界一流港口建设标杆示范港口。

图 4-8　青岛港

青岛港共有集装箱航线 200 多条,覆盖了世界 180 余个国家和地区的 700 余个港口,密度名列我国北方港口首位。在 2019 年联合国贸易和发展会议公布的世界港口连接率指标中,青岛港位列世界第八位、国内第四位。青岛港服务质量优秀,全面推行"四项承诺,八项指标"的量化服务规范。集装箱、铁矿石、纸浆等主要货种作业效能一直维持在全球首位,为众多船东货主公司带来了优质的硬派服务。在经济全球化进程加速的浪潮中,青岛港拥有了中远海运、马士基、迪拜环球等多个世界级的战略伙伴。

烟台港 1861 年开埠,地处山东半岛北端,扼守渤海湾入海口,背靠京津鲁冀经济发达区域,与日本、韩国隔海相望,占据东北亚国际经济圈核心地带,是中国沿海第八大港口、中国沿海 25 个主枢纽港之一、中国"一带一路"倡议 15 个支点港口之一。它已经成为以芝罘湾港区、西港区、龙口港区、蓬莱港区、莱州港区为主体,以渤海湾南岸物流通道为支撑,以几内亚博凯港、金波港为海外桥头堡的现代化的港口集群。烟台港现拥有各类生产性泊位 100 个,其中万吨以上的深水泊位 87 个,泊位岸线长约 27 千米,连续多年保持全国铝矾土进口第一港、化肥进出口第一港地位。

日照港是"六五"期间国家重点建设的沿海主要港口,1982 年开工建设,1986 年开港运营,总体规划在石臼港和岚山港两大港区设置 274 个泊位,目前已建成生产性泊位 76 个,与 100 多个国家和地区便利通航。日照港经过 30 余年的发展,已经发展成为国家重点建设的沿海大港、"一带一路"的重要枢纽、新亚欧大陆桥的东部桥头堡、世界能源及大宗原材料的重要转运基地。

4.5　涉海历史文化名人

与山东省有关的涉海历史文化名人众多,这里简述几位。

4.5.1　秦始皇

秦始皇(前259—前210),名赵政,又名嬴政。秦始皇建立了中国历史上第一个统一的中央集权制的封建帝国,首创了皇帝制度,集政治、军事、经济大权于一身。他数次东巡海滨,并派徐福东渡求仙。他对中国历史和世界历史均产生了深远的影响,被誉为"千古一帝"。

作为中国历史上第一个统一帝国的缔造者,秦始皇一生中曾5次巡游天下,其中4次巡视江、浙、鲁等沿海地区。

秦始皇二十八年(前219),秦始皇率领大臣和将士巡视山东,登上著名的峄山(位于今山东邹城东南),留下著名的《峄山刻石》(现存于邹城市博物馆)。上曰:"既献秦成,乃降专惠,亲巡远方。登于峄山,群臣从者,咸思攸长……"又召集山东的儒生、博士坐而论谈,讨论秦的威德和封禅大典等事宜。后秦始皇等人行至泰山,在泰山上立泰山刻石并举行封禅大典,宣扬自己的正统地位。

离开泰山后,秦始皇一行北上到达渤海沿岸后,途径黄县(今龙口)、腄县(今烟台市福山区),直达又名"天尽头"的成山(位于今胶东半岛最东端)。今成山的旅游景点始皇庙,就是仿两千多年前秦始皇的行宫所造,这也是国内唯一一座纪念秦始皇的庙宇。欣赏完成山秀美的风景,秦始皇一行在返回途中又登上芝罘山(位于今烟台),并在此立芝罘刻石。

离开芝罘山后,秦始皇一行来到了琅琊山(位于今青岛市黄岛区)。秦始皇命人在此筑建琅琊台,立琅琊刻石,称颂秦灭六国的丰功伟绩。此刻石现存于中国国家博物馆,是后人研究秦始皇的重要文献资料。

秦始皇是一位具有海洋意识的皇帝。战国时期齐国著名思想家邹衍的"大九州"和"大瀛海"理论,"是秦始皇理解海洋和海外世界,建立自己海洋意识的重要依据"(邹振环,2015)。正是在这些海洋知识和海洋意识的支配下,出生和活动于内陆的秦始皇才会把眼光投射到沿海地区,才能同意徐福东渡计划(邹振环,2015)。"秦始皇同意徐福率领如此之多的童男女和百工,甚至武装力量同行,应该希望通过这些大规模的海上移民活动,求得海外的土地,获取更多的海洋资源。"(邹振环,2015)

4.5.2　田横五百士

田横五百士,取材于《史记·田儋列传》。

田横(?—前202),狄县(今山东省淄博市高青县东南)人,战国时齐国贵族之后,是我国古代著名义士(图4-9)。

陈胜、吴广起义后,四方豪杰纷纷响应,田横从其兄田儋、田荣等也起兵反秦。田氏三兄弟有很高的人望,

图4-9　田横岛田横塑像

秉承战国养士之遗风，史称"齐人贤者多附焉"。田儋死后，田荣、田横等扶持田儋的儿子田市为齐王。秦亡后项羽攻齐。田市、田荣死后，田横立田荣之子田广为齐王，自己为相，主持国政，既不朝楚，也不附汉。

刘邦派著名的儒生郦食其去游说齐归汉。田广和田横被说服，同意归顺刘邦。但这时韩信出动大军攻打已经准备投降的齐国。齐国君臣大怒，田横烹杀了郦食其。田广被韩信所杀后，田横自立为王。后田横兵败于韩信，率众投靠了彭越。

刘邦消灭项羽后，封彭越为梁王，田横到了齐国名邑即墨旁的一海岛（今青岛市即墨区田横岛）上据守，跟从者有 500 余人。刘邦知道田横三兄弟早年起兵定齐，在齐人中的威信很高，齐贤能者多有归附，而这些人长期留在海岛，后患难免，对汉不利，于是便下诏赦去田横之罪，召他回朝。田横以烹杀了郦食其而其弟郦商为汉臣，自己害怕报复为由拒绝，表示愿为庶人，与众人在海岛上度过一生。

刘邦并没有善罢甘休。他一面命令郦商不得复仇，否则夷族，一面又派使者召回田横，向其承诺大至封王、小至封侯，如其不来则派大兵诛灭。

为了让部下免遭屠戮，田横带两名宾客随同汉使西行去见刘邦。走到尸乡驿站，田横对门客说："我当初与汉王一起称王道孤，如今他为天子，我成亡命之虏，还有比这更耻辱的吗？且我烹杀了郦商之兄，就算郦商因天子之诏不敢杀我，我与其同朝为官，难道心里不愧疚吗？天子现在要见我，不过想看一看我的面貌罢了。这里离天子所居的洛阳仅三十里，你们赶快拿着我的头去见天子，脸色还不会变，尚可一看。"说完就拔剑自刎了。

刘邦见到田横的首级后，流下了眼泪，说："田横自布衣起兵，兄弟三人相继为王，都是大贤啊！"他派兵卒两千，以王礼安葬了田横，又拜田横门客二人为都尉。不想两名门客将田横墓侧凿开，自刎在墓里。刘邦闻之大惊，十分感慨，认定田横的门客都是不可多得的贤士，再派使者前去招抚留居海岛的五百人。五百义士得知田横的死讯，也都相继蹈海自杀了。司马迁感慨地写道："田横之高节，宾客慕义而从横死，岂非至贤！"这个海岛后来就被叫作田横岛。

田横岛坐落于青岛即墨东部黄海的横门湾中，现已辟为田横岛旅游度假区。田横岛东西长约 3 千米，南北宽超过 0.4 千米，总面积超过 1 平方千米。田横五百义士墓位于田横岛西峰之巅（图 4-10）。墓直径近 10 米，封土高 2.5 米，由石块与沙土筑成。墓冢南边有 17 米高的花岗岩田横雕像及义士群雕，偏北侧有田横碑亭，详述了田横及五百义士赴死的过程，让大家能够了解这一感天地、泣鬼神的故事。

图 4-10　田横五百义士墓

4.5.3　徐福

　　徐福（生卒年不详），又名徐市，字君房，秦朝方士、航海家。他博览群书，通晓天文、航海、医药等知识，在燕齐沿海一带颇有声望。徐福是中、日、韩文化交流的先驱者。徐福东渡（图 4-11），是中国历史上最早的一次大规模海外移民活动。

图 4-11　徐福东渡出海虚拟场景

　　徐福东渡一事，最早出现于司马迁的《史记》。据《史记·秦始皇本纪》记载，秦始皇二十八年（前 219），"齐人徐市等上书，言海中有三神山，名曰蓬莱、方丈、瀛洲，仙人居之。请得斋戒，与童男女求之。于是遣徐市发童男女数千人，入海求仙人。"秦始皇三十七年（前 210），徐福再次求见秦始皇，谎称九年前入海求仙药因大鱼阻拦而未能成功，请求配备强弩射手再次出海。秦始皇相信了徐福,第二次派徐福出海。徐福于是率"童男童女三千人"和"百工",携带"五谷子种",乘船泛海东渡,成为迄今有史记载的东渡第一人。对于徐福东渡,《史记·淮南衡山列传》也有记载:"(秦始皇)遣振男女三千人,资之五谷种种百工而行。徐福得平原广泽,止王不来。"

4.5.4 戚继光

戚继光(1528—1588),字元敬,号南塘,晚年号孟诸,登州(今山东蓬莱)人,生于济宁,祖籍东平(一说祖籍安徽定远);明朝杰出的军事家、书法家、诗人,抗倭名将、民族英雄(图4-12)。

图 4-12 蓬莱戚继光塑像

戚继光自幼家贫,好读书,通经史大义。嘉靖二十三年(1544年),袭父职任登州卫指挥佥事。嘉靖三十四年(1555年),调至浙江御倭前线。戚继光充参将,守宁波、绍兴、台州,后改守台州、金华、严州。他招募金华、义乌农民和矿工,组练新军,配以精良战船、兵械,又创造攻防兼宜的"鸳鸯阵"战术,世人称其军队为"戚家军"。嘉靖四十年(1561年),在台州、仙居、桃渚等处大胜倭寇,九战皆捷。次年奉调援闽,将福建境内倭寇主力消灭殆尽。因功升署都督佥事。嘉靖四十二年(1563 年),再入福建,破倭寇,平海卫,进官都督同知、福建总兵。隆庆二年(1568 年),奉命总理蓟州、昌平、辽东、保定四镇练兵事,在张居正、谭纶支持下长期镇守北方。晚年终老蓬莱。戚继光一生经历大小百余战,平定了我国东南沿海长达数百年的倭患,实现了"封侯非我意,但愿海波平"的志向。

戚继光历经明嘉靖、隆庆、万历三朝,在 40 余年的军事生涯中屡战克捷,战功卓著,遂为旷世名将,近现代以来被誉为"战神"。他留下的兵书《纪效新书》《练兵实纪》,在练兵、治械、阵图等方面多有创见,推动了中国古代军事的发展。此外,戚继光工于诗文,有诗文集《止止堂集》传世。山东蓬莱、福建莆田、浙江台州等地,皆为戚继光立像。

4.6   海洋科研与海洋教育队伍概况

海洋科研机构,是国家海洋科技创新发展的主要动力和国家海洋科研能力建设的重要方向。在建设海洋强国战略背景下,科学谋划海洋科研机构空间布局,合理配置海洋科技创新资源具有重大意义。山东海洋科研力量占据全国半壁江山,承担了"十五"以来全国近 50％的海洋领域 973 计划、863 计划项目。

在山东省内,乃至在我国和全世界境内,青岛市的海洋科研与教育都很突出。目前,青岛拥有全国 30％的涉海院士、40％的高端涉海机构、50％的海洋领域国际领跑技术,特别是集聚了中国海洋大学、中国石油大学(华东)、崂山实验室、国家深海基地、自然资源部第一海洋研究所、中国科学院海洋研究所、中国科学院大学海洋学院、自然资源部中国地质调查局青岛海洋地质研究所、自然资源部北海局、中国水产科学研究院黄海水产研究所、山东省海洋科学研究院等一批科研院所、高校,汇聚了一批顶尖海洋科学家,托起青岛海洋研究的"高度"。

海洋教育,山东先行。结合海洋教育,对国家课程进行整合拓展,使国家课程校本化,将博采众长、兼容并收、相融共生、勇立潮头的海洋精神渗入学科素养,成为山东课程开发的一大特色。

威海市文登区南海实验学校结合海洋教育,对国家课程进行整合拓展,编写了《海韵诗情》《海洋探秘》《海战风云》《海生物象》《海洋生命》《海洋寻宝》《海洋之声》等 12 本教材,在此基础上进行学科教学的有效拓展,以教材为载体,以课堂为主阵地,全员参与,在课堂教学中全力渗透海洋文化教育。

青岛市 2003 年组建了一支由中国海洋大学、中国科学院海洋研究所的专家以及教研员、骨干教师组成的课程研发团队。经过十几年的实践与探索,国内首套义务教育学段海洋教育教材"蓝色的家园·海洋教育篇"全部出版。

中国海洋大学出版社近年来出版了一系列优秀的海洋教材、海洋科学及海洋文化普及类图书,如获首届全国教材建设奖(基础教育类)一等奖的中小学海洋意识教育系列教材——"我们的海洋"、"畅游海洋科普丛书"(共 10 册)、"人文海洋普及丛书"(共 6 册)、"图说海洋科普丛书"(共 5 册)、"魅力中国海系列丛书"(共 12 册)、"神奇的海贝科普丛书"(共 5 册)、"中国海洋符号"丛书(全 7 册)、"舌尖上的海洋科普丛书"(共 4 册)、"珊瑚礁里的秘密"科普丛书(共 5 册)、"跟着蛟龙去探海"科普丛书(共 4 册)、"中国珍稀濒危海洋生物"科普丛书(共 5 册)、"中华海洋学人"系列丛书(全 5 册)、"海洋与人类"科普丛书等。

山东省依托地域资源，将海洋教育与研学旅行相结合，开展海洋考察、海洋游学，着力打造体验式德育，让博大、包容、开放、自信的海洋精神成为师生的文化自信和行动自觉。潍坊蓝海学校挖掘海洋文化内涵，结合渔盐文化，倾力打造海洋文化特色教育品牌。青岛、烟台、日照、威海等地区，也通过组织各种海洋相关的活动，开阔学生视野，培养海洋意识、创新能力。由中国海洋大学团队于2017年创建的"野帝游学"，立足于团队科研成果与丰富的知识体系，是国内第一家以海洋科学、海陆景观、历史文化为特色的儿童户外周末徒步综合科普训练营，理念是"大视野、大健康、大快乐、大成长"，以"让孩子拥有大视野"为使命，聚焦于"研""学""游""乐""健"，受到家长和孩子们的广泛好评。

4.7　与山东有关的涉海国家战略政策概况

海洋战略是指导国家海洋事业发展和保障国家海洋利益安全的总体方略，是国家战略在海洋事务中的运用和体现，是集指导海洋经济发展、海洋科技进步、海洋环境保护和海上安全保障等于一身的战略。海洋战略是国家整体战略的重要组成部分，它是由一个国家特定的历史条件和历史任务所决定的。

党的十八大报告首次提出建设海洋强国。海洋强国是指在开发海洋、利用海洋、保护海洋、管控海洋方面拥有强大综合实力的国家。建设海洋强国，是中国特色社会主义事业的重要组成部分。党的十九大报告指出："坚持陆海统筹，加快建设海洋强国。"党的二十大报告指出："发展海洋经济，保护海洋生态环境，加快建设海洋强国。"海洋强国建设,需要大力发展海洋科技和海洋经济、加大海洋开发与保护、增强海洋军事实力、提升海洋意识、加强海洋教育、推进海洋科普工作。

　2021年11月,山东省人民政府办公室印发了《山东省"十四五"海洋经济发展规划》,以习近平新时代中国特色社会主义思想为指导,全面贯彻党的十九大和十九届二中、三中、四中、五中全会精神,增强"四个意识",坚定"四个自信",做到"两个维护",紧紧围绕"五位一体"总体布局和"四个全面"战略布局,科学把握新发展阶段,完整、准确、全面贯彻新发展理念,主动服务和融入新发展格局,以高质量发展为主题,以供给侧结构性改革为主线,以改革创新为根本动力,以满足人民群众日益增长的美好生活需要为根本目的,统筹发展和安全,着力提升海洋科技自主创新能力,加快建设世界一流的海洋港口、完善的现代海洋产业体系、绿色可持续的海洋生态环境,努力打造具有世界先进水平的海洋科技创新高地、国家海洋经济竞争力核心区、国家海洋生态文明示范区、国家海洋开放合作先导区,推动新时代现代化强省建设,为海洋强国建设做出更大贡献。

5

山东省涉海科研与教育机构

在海洋教育、科研、科普方面，山东省可谓拥有雄厚的资源基础、硬件基础和不断壮大的人才队伍。本部分简要列举山东省涉海科研院所和高校。

5.1　中国海洋大学

中国海洋大学(图 5-1)是一所海洋和水产学科特色显著、学科门类齐全的教育部直属重点综合性大学，是国家"985 工程""211 工程"和"双一流"重点建设高校。

学校现有 4 个校区，其中，崂山校区、鱼山校区和浮山校区共占地 2 400 余亩；西海岸校区规划占地约 2 800 亩。设有 1 个学部、20 个学院和 1 个基础教学中心。截至 2024 年 8 月，有在校生 36 900 余人，其中本科生 17 890 余人、硕士研究生 14 950 余人、博士研究生 3 800 余人、外国留学生 320 余人。教职工 4 100 余人，其中住鲁院士 11 人，国家杰青、长江学者特聘教授等国家级人才164人，省部级以上人才610

图 5-1 中国海洋大学

人,连续三届入选全国高校黄大年式教师团队,形成了 22 个国家级创新团队,打造了世界重要的海洋人才高地。

毕业生中已有 16 人当选海洋领域的中国科学院或中国工程院院士,4 人先后担任国家海洋局局长。参加中国第一次南极考察的 75 位科学家有 39 位是学校毕业生。

学校坚持科技高水平自立自强,着力打造海洋领域国家战略科技力量。牵头筹建的崂山实验室于 2022 年挂牌成立,构建高校-国家实验室融合发展体系。主持建设我国地球科学领域首个教育部前沿科学中心(深海圈层与地球系统前沿科学中心),主持海洋领域首个国家自然科学基金委基础科学中心项目(多场多体多尺度耦合及其对海工装备性能与安全的影响机制)。建有全国重点实验室、国家工程技术研究中心、国家地方联合工程研究中心、教育部重点实验室、农业农村部重点实验室等省部级以上各类科研基地平台 40 余个。拥有科学考察实习船舶3艘,包括5 000吨级新型深远海综合科考实习船"东方红3"、3 000吨级海洋综合科学考察实习船"东方红2"、300吨级的"天使1"科考交通补给船,形成了自近岸、近海至深远海并辐射到极地的海上综合流动实验室系统,具备了一流的海上现场观测能力。

学校地球科学、植物学与动物学、工程技术、化学、材料科学、农业科学、生物学与生物化学、环境学与生态学、药理学与毒理学、微生物学、计算机科学、社会科学12个学科(领域)进入全球基本科学指标(Essential Science Indicators,简称ESI)排名前百分之一。作为第一完成单位,获国家技术发明奖一等奖1项、二等奖3项,国家自然科学奖二等奖2项,科技进步奖二等奖12项。

学校的发展目标是:到2030年,建成世界一流的综合性海洋大学;到2050年,建成特色显著的世界一流大学。

5.2　中国石油大学(华东)

中国石油大学(华东)(图5-2)是教育部直属全国重点大学,是国家"211工程"重点建设和开展"985工程优势学科创新平台"建设并建有研究生院的高校之一。学校是教育部和五大能源企业集团公司〔中国石油天然气集团公司、中国石油化工集团公司、中国海洋石油总公司、神华集团有限责任公司、陕西延长石油(集团)有限责任公司〕、教育部和山东省人民政府共建的高校,是石油石化高层次人才培养的重要基地,被誉为"石油科技、管理人才的摇篮",现已成为一所以工为主、石油石化特色鲜明、多学科协调发展的大学。2017年、2022年均进入国家"双一流"建设高校行列。2021年,学校注册地调整至青岛。

图 5-2　中国石油大学(华东)

学校总占地面积 5 000 余亩,建筑面积 130 余万平方米,发展形成了"两校区一园区"(青岛唐岛湾校区、古镇口校区以及东营科教园区)的办学格局。"两校区一园区"均位于"蓝黄"两大国家战略重点区域。

学科专业覆盖石油石化工业的各个领域,石油主干学科总体水平处于国内领先地位。拥有矿产普查与勘探、油气井工程、油气田开发工程、化学工艺、油气储运工程等 5 个国家重点学科,以及地球探测与信息技术、工业催化等 2 个国家重点(培育)学科。工程学、化学、材料科学、地球科学、计算机科学、环境与生态学、社会科学总论、数学等 8 个学科进入全球 ESI 排名前百分之一,其中工程学、化学、地球科学进入全球 ESI 排名前千分之一。地质资源与地质工程、石油与天然气工程 2 个一级学科入选国家"双一流"建设计划。

截至 2024 年 5 月,学校有全日制在校本科生 19 000 余人、研究生10 000 余人、留学生 700 余人。从广大校友中涌现出大批杰出人才,走出了 32 位两院院士以及一大批石油石化行业领军人物和工程技术骨干。学校有教师 1 697 余人,其中教授、副教授 1 177 人,博士生导师 393 人。有中国科学院和中国工程院院士(含聘任制)、长江学者特聘教授、国家杰出青年科学基金获得者、国家"万人计划"科技创新领军人才、国家"百千万人才工程"入选者等 31 人，长江学者青年学者、国家优秀青年科学基金获得者、国家"万人计划"青年拔尖人才、教育部"新世纪优秀人才支持计划"入选者等 42 人，中国青年科技奖、教育部高校青年教师奖、霍英东教育基金会青年教师基金及青年教师奖获得者 22 人，山东省泰山学者、山东省杰出青年科学基金获得者等 127 人，全国模范教师、全国优秀教师、国家级教学名师、国家"万人计划"教学名师、山东省高等学校教学名师等 16 人，国家自然科学基金创新研究群体 1 个，教育部创新团队 3 个，山东省泰山学者优势特色学科人才团队 1 个，全国高校黄大年式教师团队 2 个，国家级教学团队 3 个。

学校是石油石化行业科学研究的重要基地，在基础理论研究、应用研究等方面具有较强实力，在 10 多个研究领域居国内领先水平和国际先进水平。现有深层油气全国重点实验室、重质油全国重点实验室、海洋物探及勘探开发装备国家工程研究中心、中国—沙特石油能源"一带一路"联合实验室等 40 余个国家及省部级科研平台。

建校以来，学校形成了鲜明的办学特色，办学实力和办学水平不断提高。在新的历史时期，学校坚持特色发展、内涵发展、高质量发展，正向着"中国特色能源领域世界一流大学"的办学目标奋力迈进。

5.3　山东大学

山东大学（图 5-3）是一所历史悠久、学科齐全、实力雄厚、特色鲜明的教育部直属重点综合性大学，在国内外具有重要影响，2017 年顺利迈入世界一流大学建设高校（A 类）行列。

图 5-3　山东大学

山东大学前身是 1901 年创办的山东大学堂,被誉为中国近代高等教育起源性大学。其医学学科起源于 1864 年,开启近代中国高等医学教育之先河。从诞生起,学校先后历经了山东大学堂、国立青岛大学、国立山东大学、山东大学,以及由原山东大学、山东医科大学、山东工业大学三校合并组建的新山东大学等几个历史发展时期。120 余年来,山东大学始终秉承"为天下储人才,为国家图富强"的办学宗旨,践行"学无止境,气有浩然"的校训精神,踔厉奋发,薪火相传,积淀形成了"崇实求新"的校风,培养了大批德才兼备的优秀人才,为国家和区域经济社会发展做出了重要贡献。

学校总占地面积 8 000 余亩,形成了一校三地(济南、威海、青岛)的办学格局,是中国目前学科门类最齐全的大学之一,在综合性大学中具有代表性,涵盖除农学、军事学以外的所有学科门类。截至 2024 年 7 月 16 日,学校有在校生 75 000 余人,专任教师 4 800 余人,其中,中国科学院和中国工程院院士(含聘任制)21 人,国家级领军人才 255

人。建有全国（国家）重点实验室 7 个,其他自然科学类国家级科研平台 10 个;教育部人文社会科学重点研究基地 4 个,其他人文社科类国家级科研平台 5 个。拥有山东大学齐鲁医院等 4 家直属附属医院。

学校 20 个学科进入全球 ESI 排名前百分之一,7 个学科进入全球 ESI 排名前千分之一,金融数学、晶体材料、地下工程、生殖医学等学科达到世界一流水平。

新时代新征程,山东大学将在习近平新时代中国特色社会主义思想指引下,全面贯彻党的二十大精神,深刻领悟"两个确立"的决定性意义,增强"四个意识",坚定"四个自信",做到"两个维护",始终心怀"国之大者",践行"四个服务",勇担教育强国时代使命,聚焦服务中国式现代化,进一步全面深化改革,解放思想、敢闯敢创,踔厉奋发、全面图强,加快建设担当民族复兴大任的世界一流大学,为以中国式现代化全面推进强国建设、民族复兴伟业不断做出新的贡献!

5.4　崂山实验室

崂山实验室前身是青岛海洋科学与技术试点国家实验室（以下简称"海洋试点国家实验室",图 5-4）。海洋试点国家实验室于 2013 年 12 月获科技部批复,2015 年 6 月试点运行,由国家部委、山东省、青岛市共同建设,旨在围绕创新驱动发展战略和建设海洋强国的总体要求,坚持"四个面向",开展科技创新与体制机制创新,努力打造国家海洋战略科技力量。2018 年 6 月 12 日,习近平总书记亲临视察,提出了"再接再厉,创造辉煌,为祖国、为民族立新功"的殷切期望。

图 5-4　崂山实验室

　　海洋试点国家实验室探索建立理事会管理、学术委员会指导、主任委员会负责的"三会"治理模式,充分体现"去行政化"和机构"扁平化"。理事会由科技部等 10 个国家部委和山东省、青岛市政府以及相关科研机构的代表和 4 位特邀专家组成,总体协调领导海洋试点国家实验室建设与发展。学术委员会由国内外著名专家组成,对海洋试点国家实验室的学科发展方向、重大科研任务等进行咨询和指导。主任委员会由擅管理、懂业务的专家组成,负责海洋试点国家实验室的具体业务。海洋试点国家实验室建成协同创新科研体系,开展重大科技任务攻关,组建了功能实验室、联合实验室和开放工作室,引领开展颠覆性技术创新。海洋试点国家实验室建成高性能科学计算与系统仿真平台、深远海科学考察船共享平台、海洋创新药物筛选与评价平台、海洋同位素与地质年代测试平台、海洋高端仪器设备研发平台、海洋分子生物技术公共实验平台等科研平台并稳定运行,形成海洋领域布局完整、技术先进、运行高效、支撑有力的公共科研平台体系,在海洋复杂巨系统科学计算、大洋科考研究、海洋药物开发、海洋装备与技术研发、海洋同位素分析测试、蓝色生命探测解码等领域相关的基础前沿研究、关键核心技术突破、产业带动及人才凝聚等方面发挥重要支撑作用。

　　崂山实验室于 2022 年 8 月正式挂牌，定位于一家突破型、引领型、平台型一体化的海洋领域新型科研机构。作为国家战略科技力量的重要组成部分，崂山实验室聚焦加快建设海洋强国等重大战略需求，以重大使命任务为牵引，开展战略性、前瞻性、系统性、颠覆性研究。

5.5　国家深海基地管理中心

　　位于青岛的国家深海基地管理中心是自然资源部直属的部委正司级事业单位。国家深海基地项目占地 390 亩，征用海域 62.7 公顷（图 5-5）。

图 5-5　国家深海基地

深海基地项目在国内史无前例,是继俄罗斯、美国、法国和日本之后,世界上第五个深海技术支撑基地,将建成面向全国具有多功能、全开放的国家级公共服务平台,对实现中华民族"可下五洋捉鳖"的宏伟夙愿、建设海洋强国、维护中国的海洋安全和海洋权益具有长远战略意义。

未来的国家深海基地管理中心将凝聚全国深海科学研究的力量,吸引国内外海洋科技高端人才,成为深海科学技术开发的引擎以及深海产业孵化的桥头堡;将为青岛蓝色经济区建设提供重要的技术支撑,引导青岛成为深海装备及相关产业的重要基地,成为带动青岛市经济持续发展的引擎。

5.6 自然资源部第一海洋研究所

自然资源部第一海洋研究所(以下简称"海洋一所",图 5-6)始建于 1958 年,是自然资源部直属的正局级事业单位。海洋一所前身系海军第四海洋研究所;1964 年整建制划归国家海洋局,更名为国家海洋局第一海洋研究所;2018 年并入自然资源部,更名为自然资源部第一海洋研究所。海洋一所是从事基础研究、应用基础研究和社会公益服务的综合性海洋研究所,有崂山和鳌山(在建)两个所区。至 2023 年,海洋一所拥有 480 余人的科学研究、技术支撑和业务管理队伍,其中高级职称 280 余人;有多个博士培养点(共建)、6 个硕士培养点和 1 个博士后科研工作站。

图 5-6　自然资源部第一海洋研究所

海洋一所以促进海洋科技进步为使命,服务于自然资源环境管理、海洋国家安全和海洋经济发展,是国家科技创新体系中的重要海洋科研实体。海洋一所致力于研究中国近海、大洋和极地海域自然环境要素分布及变化规律,重点包括海底过程与资源、海洋环境与数值模拟、海洋生态安全与修复、海洋气候与防灾减灾、海洋环境信息与保障、海洋空间管理与规划等六大领域。

至 2023 年,海洋一所承建了 8 个省部级科技创新平台,承办了 11 个国际合作机构,牵头组建崂山实验室"核心＋基地＋网络"创新体系中的 2 个功能实验室;拥有国际领先的全球级海洋综合科学考察船"向阳红 01"、大洋级海洋综合科学考察船"向阳红 18"及国际一流水平的海洋调查装备和实验测试设备。建所 60 余年来,海洋一所参与并完成了一大批国家重大海洋专项、973 计划项目、863 计划项目、国家科技支撑项目、国家重点研发项目、科技基础资源调查专项、国家自然科学基金项目、国际合作项目和海洋开发项目,获国家、部委和省市级科技奖励 260 余项,制定推荐性国家标准 30 余项,授权中国专利1 000 余件、国外专利 50 余件,为我国海洋科学事业的发展和海洋经济建设做出了重要贡献。

5.7 中国科学院海洋研究所

中国科学院海洋研究所(图 5-7,以下简称"海洋所")是新中国第一个专门从事海洋科学研究的国立机构,是我国海洋科学的发源地,70 多年来在我国海洋基础研究领域做出了许多奠基性和开创性的工作,引领了我国海洋科学的发展。

图 5-7 中国科学院海洋研究所南海路园区

海洋所拥有实验海洋生物学、海洋生态与环境科学、海洋环流与波动、海洋地质与环境、海洋环境腐蚀与生物污损 5 个中国科学院重点实验室,以及海洋生物分类与系统演化实验室、深海研究中心,建有国家海洋腐蚀防护工程技术研究中心、海洋生态养殖技术国家地方联合工程实验室、海洋生物制品开发技术国家地方联合工程实验室 3 个国家级科研平台,牵头组建崂山实验室的海洋生物学与生物技术、海洋生态与环境科学 2 个功能实验室。海洋所西海岸新区园区建有科考船岸基支撑平台,在江苏南通建有中国科学院长江口生态站。

海洋所目前有在编职工 700 余人,其中专业技术人员 600 余人,两院院士 3 人,博、硕士生导师 170 余人,在读研究生 500 余人,在站博士后 120 余人。设有一级博士学位点 3 个,二级博士学位点 9 个、硕士学位点 10 个、专业硕士学位点 2 个,以及海洋科学、水产 2 个博士后流动站。

建所 70 多年来,海洋所在我国海洋科技主要领域的研究和发展中做出了许多奠基性和开创性的贡献,取得 1 900 余项科研成果,共发表论文 14 000 余篇,出版专著 280 余部,授权发明专利 1 700 余件。

海洋所高质量建设中国科学院海洋科考船队,形成全海域可达、全海深探测、全要素获取、全链条保障的综合探测体系;系统构建空天海地一体化观测网络,建设 15 米地面卫星接收系统,在西太平洋建成 20 套潜标组成的国际上最大规模的科学观测网;不断完善面向海洋样品全基质的系统测试平台,样品涵盖水体、沉积物、岩石、生物体;建设海洋人工智能与大数据中心,汇聚海洋卫星遥感、航次调查、浮潜标和数值模拟等多源数据资源,建设数据库和数据共享交换门户系统,开展人工智能模型训练,融合大数据技术,开发绿潮、风暴潮、溢油监测预警数据产品。

近年来,海洋所围绕"海洋强国"及"一带一路"建设,积极致力于深海技术装备研发、深海研究体系建设及深海极端环境与战略性资源探索的先导性研究。以先进的海洋科学综合考察船"科学"号为代表的科考船队,承担了一系列重要的海洋科学考察航次任务,获取了一大批有重要影响力的成果,深海探测技术及科学研究取得了重要突破。同时,依托从近海到深海,从南海到西太平洋再到印度洋的科学考察研究,海洋所与共建"一带一路"国家也建立了密切的合作关系,为建设海洋强国提供了重要的科技支撑。

5.8 中国科学院烟台海岸带研究所

中国科学院烟台海岸带研究所(以下简称"烟台海岸带所"),是由中国科学院与山东省、烟台市共同筹建的资源环境领域的国家级研究机构。2006 年筹建,2009 年 12 月通过验收,正式成为中国科学院序列的研究所。

烟台海岸带所以"认知海岸带规律,支持可持续发展"为使命,面向陆海统筹的海岸带综合治理体系建设的国家战略需求,聚焦环境过程与生态安全保障,打通生态修复与资源利用,实现绿色可持续发展,致力于战略性、前瞻性、颠覆性综合交叉研究,遵循科学与工程结合、自然与社会结合、信息与管理结合的研究思路,为"坚持陆海统筹,发展海洋经济,建设海洋强国"的国家战略实施提供科技支撑与综合应用示范。抢抓海岸带科技创新机遇,在海岸带环境综合治理、生态修复与资源利用、海岸带综合管理等方面取得具有国际影响力的系统性和原创性成果,成为海岸带科学与技术领域不可替代的"国家队"和国内一流、国际知名的科研机构。

烟台海岸带所现有中国科学院海岸带环境过程与生态修复重点实验室、海岸带生物学与生物资源利用重点实验室、山东省海岸带环境过程重点实验室、山东省海岸带环境工程技术研究中心、海岸带生态环境监测技术与装备山东省工程研究中心,还拥有中国科学院牟平海岸带环境综合试验站、中国科学院黄河三角洲滨海湿地生态试验站、黄河三角洲盐碱地农田生态系统观测研究站、500 吨级"创新一"科学考察船等科研平台。

截至 2023 年年底烟台海岸带所有环境科学与工程、海洋科学 2 个一级学科博士培养点和地理学一级学科硕士培养点,环境科学、环境工程、海洋化学、海洋生物学 4 个二级学科博士培养点,地图学与地理信息系统二级学科硕士培养点,以及环境工程、生物技术与工程 2 个专业硕士培养点,已形成较为完整的研究生培养体系。有在读研究生 194 人(其中博士生 88 人,硕士生 106 人)。

烟台海岸带所承担包括国家重点研发计划、科技基础性专项、中国科学院先导专项、国家自然科学基金、山东省重大科技创新工程等国家和地方科技项目千余项。截至 2023 年年底,烟台海岸带所共发表论文 5 800 余篇;化学、环境生态、动植物学和农学 4 个学科进入全球 ESI 排名前百分之一;出版专著 60 余部;授权专利 679 项,其中 52 项实现转化;共获得省部、行业、地市科技奖励 81 项。

5.9　自然资源部北海局

自然资源部北海局(图 5-8)2019 年 6 月 5 日正式挂牌成立,是自然资源部在北海区的正司局级派出机构,驻地青岛,所辖区域包括辽宁省、河北省、天津市、山东省沿海毗邻的我国管辖海域。北海局前身是 1965 年成立的国家海洋局北海分局。自然资源部北海局贯彻落实自然资源部党组关于海洋自然资源工作的决策部署,承担北海区海洋自然资源监督和管理工作。

图 5-8　自然资源部北海局

5.10　中国水产科学研究院黄海水产研究所

中国水产科学研究院黄海水产研究所(以下简称"黄海水产研究所")是我国成立最早的综合性海洋渔业研究机构。建所以来,黄海水产研究所紧紧围绕"海洋生物资源开发与可持续利用研究"这一中心任务,在"渔业资源与生态环境""种子工程与健康养殖""水产加工与质量安全"等领域取得了 300 多项国家和省部级成果,为我国鱼、虾、蟹、贝、藻、参等海水增养殖业做出了开创性贡献;拉开了新中国渔业资源调查的序幕,为中国渔业生物学和渔场海洋学研究做出奠基性贡献。截至 2023 年 12 月底,黄海水产研究所以第一完成单位获得国家级奖励 22 项;授权专利 1 155 件,其中发明专利 832 件;以第一完成单位培育出水产养殖新品种 20 个;牵头制订和修订国际、国家、行业标准 267 项;在国内外专业期刊发表学术论文约 9 500 篇;出版专著 230 余部。

黄海水产研究所 2023 年有在职职工 396 人。其中,中国工程院院士 3 人,高级专业技术人员 188 人,博士生导师 23 人,硕士生导师 104 人。黄海水产研究所设有博士后科研工作站,进站博士后已有 180 余人。

黄海水产研究所拥有目前国内设施设备最先进、吨位最大的海洋渔业综合科学调查船"蓝海 101"号(3 000 吨级),以及 1 000 吨级海洋渔业资源与环境调查船"北斗"号、300 吨级渔业资源与环境调查船"中渔科 102"号和 100 吨级渔业资源与环境调查船"中渔科 101"号 4 艘渔业科考船。现有国家海洋渔业生物种质资源库、国家水产品质量检验检测中心、农业农村部黄渤海区渔业生态环境监测中心和水产种质与渔业环境质量监督检验测试中心。建有海洋渔业科学研究中心(琅琊基地)、水产遗传育种中心(即墨基地)、鲆鲽鱼类遗传育种中心(海阳基地)和水生动物防疫技术研发中心(鳌山基地)等 4 个科研基地。

黄海水产研究所拥有海水养殖生物育种与可持续产出全国重点实验室、山东长岛近海渔业资源国家野外科学观测站、国家发展改革委海水养殖装备与生物育种技术国家地方联合工程研究中心(青岛)、科技部国家科技资源共享服务平台——国家海洋水产种质资源库,协同打造国家渔业战略科技力量。黄海水产研究所现有农业农村部海洋渔业与可持续发展重点实验室、农业农村部水产品质量安全检测与评价重点实验室、农业农村部极地渔业可持续利用重点实验室和农业农村部海水养殖病害防治重点实验室等 4 个部重点实验室,还有山东省渔业资源与生态环境重点实验室、山东省海洋渔业生物技术与遗传育种重点实验室、山东省科技领军人才创新工作室等 6 个省级科研创新平台,以及青岛市海水鱼类种子工程与生物技术重点实验室、青岛市海水养殖流行病学与生物安保重点实验室、青岛市对虾种业关键技术重点实验室等 12 个市级科研平台。

5.11　哈尔滨工业大学(威海)

哈尔滨工业大学(威海)(以下简称"哈工大威海校区")是哈尔滨工业大学(以下简称"哈工大")一校三区办学格局的重要组成部分,坐落在威海。30 多年来,哈工大威海校区坚持"立足海洋、服务山东、拓展国防、走向国际、面向国民经济主战场"的办学定位,秉承哈工大"规格严格,功夫到家"的校训,坚持一校三区"统一标准、统一规格、统一要求、统一质量、统一品牌"的要求,为学校走好"中国特色、世界一流、哈工大规格"的新百年卓越之路贡献增量。

截至 2024 年 9 月,哈工大威海校区有全日制在校本科生、硕士和博士研究生 12 000 余人,设有 10 个学院、1 个书院、1 个教学部,共享哈工大 25 个博士培养点和 22 个硕士培养点,单独设有海洋科学一级学科博士培养点、船舶与海洋工程一级学科硕士培养点。哈工大威海校区拥有山东省重点学科 8 个、山东省特色专业 6 个,船舶与海洋工程、车辆工程为国家级一流本科专业建设点,海洋科学一级学科入选山东省高等学校高水平学科建设项目。9 位院士在哈工大威海校区建有科研平台和工作团队,40 多位教师入选国家及省部级高层次人才计划。

哈工大威海校区注重学生创新精神和实践能力培养,形成了"厚基础、强实践、严过程、求创新"的人才培养特色。大学生创新创业基地入选山东省大学生创业示范平台,培育了 100 多支在国际、国内较有影响力的学生创新创业团队,斩获全国"互联网+"金奖等一批国内外重要赛事奖项。

哈工大威海校区面向国家重大需求和学科前沿,积极推进有组织的科研,稳步推进车船海等特色学科建设。与国家海洋技术中心、威海市政府共建国家首个浅海海上综合试验场,牵头获批对海监测与信息处理工信部重点实验室、海洋无人系统跨域协同与综合保障实验室、海洋工程材料及深加工技术国际联合研究中心等科研平台 29 个。近年来获国家科技进步奖一等奖 2 项、二等奖 3 项,国家技术发明奖二等奖 1 项,省部级奖 32 项。

哈工大威海校区聚焦国家战略和区域经济社会发展需要,不断深化校地企合作,推动创新链、产业链、资金链和人才链深度融合,科研成果转化成效显著。作为国家(威海)区域创新中心支撑平台之一,哈工大威海创新创业园创新"产业技术研究院+"校地合作模式,不断汇聚创新创业资源要素,持续优化区域双创生态,为区域产业高质量发展聚力蓄能。目前园区汇聚高端科技人才 600 余人,拥有产业技术研究院 11 家,孵化高技术公司 60 余家,入园企业年合同额超 10 亿元。

6

山东省海洋科普场馆

山东省海洋科普相关的场馆,分布广,基础配套完备,影响力大,是开展海洋科普教育的重要资源。

6.1 青岛海底世界

青岛海底世界(图 6-1)是国家 AAAAA 级旅游景区和全国科普教育基地,位于青岛市市南区莱阳路 2 号,是在中国第一座水族馆——青岛水族馆的基础上发展而成。

青岛海底世界包含梦幻水母宫、海洋生物馆、海豹馆、淡水生物馆、鲸馆、海底世界六大展馆,有约 2 000 类 20 000 多件海洋生物标本,上千种数万尾来自世界各地的活体海洋生物。

青岛海底世界有全长 82.6 米的海底隧道。此海底隧道是由亚克力玻璃黏结制成的,在我国率先采用了 180°常规视窗、254°大视窗、360°圆柱视窗和平面视窗等多种形式相结合的结构造型。隧道地面

图 6-1 青岛海底世界

由自动步行梯和人行道两部分组成，游客可以自由选择行或停。海底隧道所在的大水体共 3 000 余吨海水，饲养着来自世界各地的上千种数万尾活体海洋生物。在隧道的末端，一艘海盗船静静地卧在水底，成了海洋生物的乐园。

　　海底剧场是青岛海底世界最大的展厅。其右侧是最大的平面展窗，长 14.4 米，高 3.8 米。游客可以欣赏到"人鲨共舞""美人鱼"等水中表演。"美人鱼"表演采用了高科技手段，通过真人水下表演，虚实结合，展现了美人鱼公主和王子的浪漫爱情故事。"人鲨共舞"表演打造出人与黄金鲹、鳐鱼、魟鱼、鲨鱼等和谐共舞的场景，10分钟的表演由3段海底水下歌舞组成。伴随着摇滚乐、圆舞曲、探戈舞曲的响起，黄金鲹、魟鱼、鲨鱼与潜水员翩翩共舞。

6.2 青岛海昌极地海洋公园

青岛海昌极地海洋公园（图6-2）是国家AAAA级旅游景区和极地科普教育基地，位于风景秀丽的石老人国家旅游度假区，是一个富有科普性、娱乐性、互动性的情景式海洋主题公园。

图6-2　青岛海昌极地海洋世界

青岛海昌极地海洋公园于 2006 年 7 月正式对外开放,整个项目占地 14 万平方米,有极地海洋馆、欢乐剧场、5D 动感体验馆、"深海奇幻"体验馆、极地宝贝乐园等。2021 年 11 月,青岛海昌极地海洋公园的青岛极地海洋奇妙夜世界被确定为第一批山东省级夜间文化和旅游消费集聚区。

青岛海昌极地海洋公园展示了白鲸、北极熊、企鹅等诸多极地动物,并从不同角度展现了两极地区的风土人情,开放式的设计风格使游客体验到在极地冰雪世界生活的美妙感觉。

青岛海昌极地海洋公园巧妙运用人工造景的技术手段,利用场馆的不同资源打造了国内唯一可以直接观赏海兽的海底隧道,另设有海洋动物触摸池,游客可以与海洋动物互动。

青岛海昌极地海洋公园有 10 余个海洋动物饲养池,展示了上千种海洋鱼类、海龟、珊瑚等海洋生物,展现着海洋世界的欣欣向荣。

青岛海昌极地海洋公园有世界最大的室内极地海洋动物表演场所,白鲸、海豚、海狮同台演出,给人以震撼、温馨的体验。

6.3　中国人民解放军海军博物馆

中国人民解放军海军博物馆(以下简称"海军博物馆",图 6-3)位于青岛市市南区莱阳路 8 号,东邻鲁迅公园,西接小青岛公园,与栈桥遥相呼应,南濒一望无际的大海,北面是青岛信号山公园,陆地面积约 94 067 平方米,海域面积约 150 000 平方米,主要分为室内、海上和陆上三大展区,是中国唯一一座反映中国海军发展的军事博物馆。

图 6-3 中国人民解放军海军博物馆

1988 年，海军博物馆开始筹建。1989 年 10 月，海军博物馆正式向社会开放。室内主展馆面积 7 000 余平方米，分为"社会主义革命和建设时期""改革开放和社会主义现代化建设新时期""中国特色社会主义新时代"3 个部分。截至 2021 年年底，海军博物馆馆藏文物共计 10 000 余件。海上舰艇展区面积 40 000 余平方米，建有 3 座码头 6 个泊位，主要展陈具有标志性意义的功勋舰艇。陆上装备展区占地面积 13 000 余平方米，主要展陈人民海军创建以来曾服役的小型水面舰艇、海军航空装备、海军陆战装备、海军岸防装备。

海军博物馆先后被评定为山东省国防教育基地、全国国防教育示范基地、全国爱国主义教育示范基地、全国首批百个红色旅游经典景区、国家一级博物馆、山东省退役军人思想政治教育基地。

海军博物馆的作用,是弘扬中华民族悠久的历史文化,展示我国海军的发展历史,宣传人民海军的战斗历程和建设成就,增强全民族的爱国意识和海洋国土观念。

6.4　中华人民共和国水准零点景区

中华人民共和国水准零点景区(以下简称"中国水准零点景区",图 6-4)位于青岛浮山湾东侧,是国家 AAAA 级旅游景区,是以中国海拔测绘零点为核心的主题公园。

1954 年,"中华人民共和国水准原点"在青岛观象山建成,全国所有海拔高程都是以水准原点为基准测量计算出来的。2006 年 5 月,经国家测绘局批准,由专家精确移植水准原点信息数据,在青岛建起了"中华人民共和国水准零点"。

水准零点标志雕塑高 6 米,重 10 余吨,底座像一个铅锤,顶部地球仪上有 6 个小圆球,代表世界上 6 个著名的海拔原点。在雕塑的下面是一个中国水准零点标志地下旱井,井底部红色石球的顶点高度为海拔 0 米。

中国水准零点景区集测绘文化、航海文化、海洋文化于一体,是青岛新型的旅游景区,内设中华人民共和国水准零点、中国第一个国际游艇帆船产业发展基地、妈祖雕塑、世界第一座可机械开合的海上彩虹桥、帆船之都观光塔以及航海科技博物馆。

图 6-4 中国水准零点景区

6.5 琅琊台风景名胜区

琅琊台风景名胜区(图 6-5)位于青岛市黄岛区西南海滨,是国家AAAA 级旅游景区、全国重点文物保护单位。琅琊台风景名胜区主要包括琅琊台、龙湾、环台沿海风景带。其中,琅琊台是核心游览区域,主要有琅琊文化陈列馆、徐福殿、云梯、琅琊刻石、望越楼等景点。

琅琊台一指青岛市黄岛区琅琊镇琅琊山。琅琊山三面濒海,一面接陆,海拔 183.4 米,因山形如台,在琅琊,故名琅琊台。《山海经·海内东经》云:"琅琊台在渤海间,琅琊之东。"这是"琅琊台"一名的最早记录。

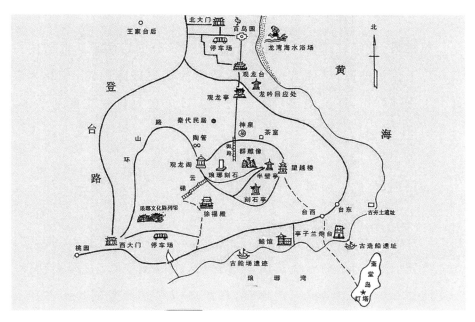

图 6-5　青岛琅琊台风景名胜区游览图

琅琊台亦指位于琅琊山上的一座古台,是中国东部沿海历史名胜。

秦始皇曾三次登临,秦二世亦尝来过。据《史记》记载,公元前 219 年,秦始皇统一中国后东巡,由芝罘南登琅琊胜境,乐之忘归,一住 3 个月,筑起了这座雄伟壮观的琅琊高台,并在台上刊石立碑,颂秦德,明得意。秦始皇还命人建"四时主祠",行礼祭祀;于台下修御路三条。他又遣方士徐福率童男童女数千人入海求仙药。次年(前 218 年)秦始皇由芝罘复过琅琊。公元前 210 年,秦始皇最后一次东巡,再登琅琊,在归途中病死于沙丘平台。秦二世即位后于公元前 209 年登琅琊台,刻诏书于秦始皇所立刻石旁。

汉武帝元封五年(前 106 年)南巡时,从海上北至琅琊。太始三年(前 94 年)春,汉武帝巡视东海,又"幸琅琊"。太始四年(前 93 年),汉武帝再至琅琊,祠神人于交门宫。

徐福殿,位于琅琊台西南侧,仿秦代建筑,分前后两殿。前殿内供奉齐方士徐福塑像,墙面有壁绘。后殿为徐福史迹陈列馆,东厢为琅琊台史迹陈列馆,展出琅琊台出土文物。该处曾是徐福主要活动地,公元前219年和公元前210年,徐福曾先后两次上书秦始皇入海求仙药。据载,其一行自琅琊北至荣成山而东渡扶桑。

琅琊刻石,位于琅琊台顶西部,是秦琅琊刻石的复制品。刻石高4.8米,上宽0.76米,下宽2米,东、南、西三面环刻,分秦始皇《颂诗》和秦二世的诏书两部分,共计447字。1993年年底始复制,翌年9月立。公元前219年,秦始皇筑就琅琊台后,在台顶立石刻,颂秦功业。公元前209年,秦二世巡至琅琊台,在始皇所立刻石旁刻其诏书和大臣从者名。宋神宗熙宁九年(1076年),苏轼作《书琅琊篆后》,记其登琅琊台所见:"今颂诗亡矣,其从臣姓名仅有存者,而二世诏书具在。"清顺治年间,诸城知县程善于琅琊刻石南面刻"长天一色"四字,著名而隐其姓。清乾隆二十八年(1763年),诸城知县宫懋让见刻石裂,熔铁束之。清道光年间,铁束散,刻石碎。后诸城知县毛澄筑亭覆之。清光绪二十六年(1900年)四月,一次大雷雨过后,碑石散失。1921—1922年,诸城视学王培祐先后两次登琅琊台搜寻,将散碎碑石凑合。后残石被移置诸城县署,解放后移置山东博物馆,1959年移置中国历史博物馆。残石高129厘米,宽67.5厘米,厚37厘米;现存碑文13行,86字,李斯书,是秦刻石存字最多者;为中国现存最古刻石之一,堪称国宝。

《史记·封禅书》记载,姜太公作八神,四时主的祠庙就立在琅琊山上,古人在这里"观天象,定人事",这里成为我国最早的古观象台之一。四时主是季节之神,也是农业之神,他主宰着风雨、人畜安康、四季收成。秦皇汉武等帝王频频造访,其主要的动因之一就是祭祀四时主,祈求风调雨顺、国泰民安。《琅琊台刻石》刻辞中有"应时动事,是维皇帝""节事以时,诸产繁殖"的明确记载。近些年,对于四时文化和二十四节气的研究悄然兴起。琅琊台是我国四时主之神的祭祀场所;琅琊台四时文化是二十四节气文化的重要根源;琅琊台是迄今已知的地面上遗迹尚存的我国最早的观象台,它对四时与二十四节气的确立有着重要的作用,是中国古代四时文化与二十四节气文化的重要发源地。

6.6　中国甲午战争博物院

刘公岛,位于威海湾内。100 多年前,这里曾是清朝北洋海军的基地,也是中日甲午战争的主战场和指挥营。1988 年,国务院公布刘公岛甲午战争纪念地为全国重点文物保护单位。

中国甲午战争博物院,是以北洋海军与甲午战争为主题内容的纪念遗址性博物馆,是刘公岛甲午战争纪念地的专门管理保护机构。其中,北洋海军提督署是中国近代第一支正规化海军的指挥机构,是国内保存完好的高级军事衙门之一,是刘公岛甲午战争纪念地的代表性文物遗址。

光绪十四年(1888),北洋水师在威海卫正式成立,设北洋海军提督署于刘公岛,丁汝昌任提督。这是清政府设立的 4 支近代水师中实力最强、规模最大的一支。光绪二十年(1894),中日甲午战争爆发。9 月 17 日,北洋舰队与日本联合舰队在鸭绿江口外黄海海面进行主力决战,致远舰管带邓世昌壮烈牺牲。1895 年 1 月 20 日,日军分水陆两路围攻威海卫,北洋舰队在刘公岛外海面与日军激战数日,力战不敌,全军覆没,丁汝昌殉国。

中国甲午战争博物院尚有中国甲午战争博物院陈列馆(图 6-6)、丁汝昌纪念馆、威海水师学堂、铁码头、公所后炮台、黄岛炮台、日岛炮台、东泓炮台等。2008 年,中国甲午战争博物院陈列馆在刘公岛建成开馆。这座现代化综合性展馆的加入,使中国甲午战争博物院成为一座真正的现代化综合性博物馆。中国甲午战争博物院陈列馆占地面积 1 万多平方米,建筑面积 8 800 平方米,是一处以建筑、雕塑、绘画、影视等艺术手段全面展示甲午战争悲壮历史的大型纪念馆。

图 6-6　中国甲午战争博物院陈列馆

中国甲午战争博物院系统展示了北洋海军的历史风貌与甲午战争的历史过程,在加强国防海防教育方面有重要意义。

6.7 黄河三角洲国家地质公园

黄河三角洲国家地质公园,是我国唯一一处河流三角洲(图 6-7)及地貌景观国家地质公园。黄河三角洲国家地质公园位于东营市东

图 6-7 黄河三角洲

北部,与黄河三角洲国家级自然保护区范围相一致,总面积1 530平方千米,主要地质遗迹面积520平方千米,分为南北两个区域:南部区域位于现行黄河入海口,面积10.45万公顷;北部区域位于1976年改道后的黄河故道入海口,面积4.85万公顷。按照地质公园的类型划分,该处属于水体景观中河流及地貌景观地质公园。黄河三角洲国家地质公园内的主要地质遗迹有河流地貌景观、沉积构造以及古海陆交互相遗迹,主要人文景观有胜利油田等。

6.8 长山列岛国家地质公园

长山列岛国家地质公园(图6-8)地处黄海和渤海交汇处,位于山东省东北部,隶属于烟台市蓬莱区,由32个岛屿及其周边海域(以岛屿间航线和-10米等高线为参考)组成,是我国唯一的海岛类型国家地质公园。

长岛国家地质公园地貌类型(地质遗迹),包括海蚀地貌、海积地貌、火山岩地貌、崩塌地貌等。32个岛屿中的大部分发育有奇特的海蚀地貌,主要包括海蚀崖、海蚀洞、海蚀柱、海蚀平台、海蚀栈道和石礁等。著名的景点有九丈崖、九叠石、望福礁等。独特的海积地貌位于长山尾砾石滩。长山尾砾石滩位于南长山岛南端,形似平铺在海水上的S形巨型尾巴,向南甩向田横山,长几千米,宽度仅10余米。长山尾砾石滩由清一色光洁如玉(磨圆度高)、粒径比较均匀(分选度高)的砾石组成。长山尾砾石滩不是常见的平行于海岸延伸的海滩,它伸向大海,是渤海和黄海分界线的一部分,仿佛是横亘在渤海和黄海中间的砾石大堤。

图 6-8　长山列岛国家地质公园

　　长山列岛国家地质公园内的蓬莱群地层、玄武岩堆积物、下更新统至全新统的松散堆积物以及所含古生物化石、古人类遗址等,为我国东部渤海地区和胶辽半岛的区域地质历史演变提供了珍贵的证据,具有极高的观赏价值和科研价值。

6.9 蓬莱阁

蓬莱阁(图 6-9)为全国重点文物保护单位,位于烟台市蓬莱区迎宾路 7 号蓬莱水城景区内,地处丹崖山上。蓬莱阁,是由三清殿、吕祖殿、苏公祠、天后宫、龙王宫、主体建筑蓬莱阁、弥陀寺等几组不同的祠庙殿堂、楼阁、亭坊组成的古建筑群,总占地面积 32 800 平方米,总建筑面积 18 960 平方米。

图 6-9 蓬莱阁

蓬莱阁于北宋嘉祐六年（1061年）建阁，明万历十七年（1589年）增建吕祖殿、三清殿、天后宫、弥陀寺等建筑。蓬莱阁因"八仙过海"传说和"海市蜃楼"奇观而闻名四海，自古有"人间仙境"之美誉，与湖南岳阳岳阳楼、江西南昌滕王阁、湖北武汉黄鹤楼并称为"中国四大名楼"，是"中国十大历史文化名楼"之一，世称"江北第一阁"。

蓬莱阁有历代碑刻、匾额共200余方，主要有铁保"蓬莱阁"字匾、苏轼卧碑、苏帖刻石、陈抟"福""寿"字碑、吕祖殿"寿"字碑、施闰章《观海市》诗手迹刻石、《观海》刻石、阮元"三台石"刻石、孔继涑诗文刻石、宋庆"虎"字碑、冯玉祥"碧海丹心"刻石、"蓬莱十大景"刻石、汉墓门残石等。

蓬莱阁是观赏蓬莱海市蜃楼的绝佳之地。蓬莱海市蜃楼，古称"登州海市"，又称"渤海海市"，于蓬莱阁北海面可以偶见。蓬莱阁高踞丹崖极顶，其下断崖峭壁，挂于碧波之上。海雾飘来，轻绕山腰；亭台楼阁，若隐若现。游人置身阁上，但觉脚下云烟浮动，有天无地，一派空灵。

相传当年"八仙"就是在此阁上开怀畅饮后，各显神通漂洋过海的。"八仙"在蓬莱阁上聚会饮酒。酒至酣时，铁拐李提议乘兴到海上一游。众仙齐声附和，并言定各凭道法渡海，不得乘舟。汉钟离率先把大芭蕉扇往海里一扔，袒胸露腹仰躺在扇子上，向远处漂去。何仙姑将荷花往水中一抛，顿时红光万道，仙姑立于荷花之上，随波漂游。随后，吕洞宾、张果老、曹国舅、铁拐李、韩湘子、蓝采和也纷纷将各自宝物抛入水中，大显神通，游向东海。"八仙"的举动惊动了东海龙王。东海龙王率虾兵蟹将出海观望，言语间与八仙发生冲突，引起争斗。东海龙王乘"八仙"不备，将蓝采和擒走。众仙大怒，各展神通，上前厮杀，腰斩两个龙子。虾兵蟹将抵挡不住，纷纷败退，隐伏水底。东海龙王请来南海、北海、西海龙王,合力翻动五湖四海,掀起狂涛巨浪。危急时刻,曹国舅怀抱玉板开路,狂涛巨浪向两边退避。众仙紧随在后,安然无恙。四海龙王见状,急忙调动四海兵将,准备决一死战。恰在这时,南海观音菩萨经过,喝住双方,出面调停。最终,东海龙王释放了蓝采和。八位仙人拜别观音菩萨,各持宝物,兴波逐浪,潇洒而去。

蓬莱阁流传着访求仙药的传说。相传,海中有三座神山,其上物色皆白,黄金白银为宫阙;有仙药,人吃了能长生不老。秦始皇统一六国后,为求大秦江山永固、个人长生不老,慕名来到这里寻找神山,求长生不死药。秦方士徐福受秦始皇之遣由此乘船入东海去求仙丹。史载汉武帝为寻求仙药亦曾到此。

蓬莱阁还发生了苏轼祷海的故事。苏轼在登州知州任上的时间极短,前后只有 5 天。在这 5 天的时间内,他两次登临蓬莱阁,写下了《望海》《登州海市》《北海十二要记》《题登州蓬莱阁》《登州孙氏万松堂》等诗文,为胶东的海天奇景留下了不朽篇章。其中在《海市》一诗的序言中,诗人这样写道:"予闻登州海市旧矣,父老云常出于春夏,今岁晚不复见矣。予到官五日而去,以不见为恨,祷于海神广德王之庙,明日见焉,乃作此诗。"

6.10 滨州贝壳堤岛与湿地国家级自然保护区

滨州贝壳堤岛与湿地国家级自然保护区,位于滨州市无棣县城北60 千米处,渤海西南岸,西至漳卫新河,东至套尔河,北至浅海－3 米等深线。滨州贝壳堤岛与湿地国家级自然保护区主要保护对象为贝壳堤岛和滨海湿地,属海洋自然遗迹类型自然保护区。

滨州贝壳堤岛与湿地国家级自然保护区地势低平,主要外动力是潮流和波浪。全新世数千年来发育了较宽阔的滨海湿地和贝壳滩脊相间的潮滩地貌,主要包括滨海缓平低地、贝壳滩地、潮上湿地和浅平洼地以及潮间湿地和潮下湿地。

无棣贝壳堤岛为世界三大贝壳堤岛之一,是一处国内独有、世界罕见的贝壳滩脊海岸,是世界上保存最完整的唯一新老堤并存的贝壳堤岛(图 6-10)。

图 6-10　滨州贝壳堤岛与湿地国家级自然保护区

这里是东北亚内陆和环西太平洋鸟类迁徙的中转站和越冬、栖息、繁衍地,共有鸟类 45 种,其中包括多种国家重点保护野生鸟类。

汪子岛,是滨州贝壳堤岛与湿地国家级自然保护区最大的贝壳堤岛,有"海上仙境"之称。相传,徐福奉秦始皇之命率童男女,入海求取长生不死药,长久不归。父母思念远去的孩子,于此岛眺望大海,盼子归来,故名"望子岛",后人也称"旺子岛""汪子岛"。

贝壳堤观光带主要位于防潮大堤北,西起高坨子,东至汪子岛的贝壳堤岸。

贝壳堤岛更有百万亩盐田。《管子》载"暮春之初,北海之民即煮海为盐"。

滨州贝壳堤岛与湿地国家级自然保护区内的贝壳堤岛与湿地生态系统,是世界保存最完整的贝壳滩脊-湿地生态系统,是研究黄河变迁、海岸线变化、贝壳堤岛形成等环境演变以及湿地的重要基地。仍在继续生长发育的贝壳堤岛是山东省、中国乃至全世界珍贵的海洋自然遗产。此外,滨州贝壳堤岛与湿地国家级自然保护区在中国生物多样性研究工作中也占有重要的地位。

6.11　日照奥林匹克水上公园

日照奥林匹克水上公园位于日照市东港区海曲东路 398 号,总面积 9.2 平方千米(图 6-11)。

图 6-11　日照奥林匹克水上公园

日照奥林匹克水上公园分为 4 个部分,自南向北分别为灯塔广场、世帆赛基地、万平口生态广场、水上运动基地。在这里先后成功举办了 2005 年国际欧洲级帆船世界锦标赛、2006 年 470 级帆船世界锦标赛和全国帆船锦标赛总决赛、第十一届全国运动会水上比赛。这里还是 2008 年奥运会帆船帆板指定训练场地。如今,日照奥林匹克水上公园水上运动基地已成为"亚洲第一、世界领先"的具备国际水准的水上运动训练基地,具备全部水上运动项目的竞赛设施条件,可以满足国际、国内重大水上运动赛事的需要。

这里海水清澈透明,沙滩宽阔洁净,是沙滩浴、海水浴、日光浴的伊甸园,也是进行沙雕、沙滩排球等运动的好去处。景区内的潟湖是天然的避风港,历代都是商船停泊之地。"万平口"有"万艘船只平安抵达口岸"之意,同时也寓意万事如意、一生平安。

7

开展山东省海洋资源科普的建议

    山东省海洋自然资源丰富,海洋历史文化灿烂,涉海科研与教育机构实力雄厚,海洋科普场馆众多,这些都是很好的海洋科普资源,为开展山东省海洋科普工作奠定了良好的基础。

    虽然近年来海洋资源保护工作取得了很大进展,海洋科普工作也取得了一定成效,但海洋科普工作依然存在一些问题。

    政府重视不足,海洋科普经费和基础设施有限,宣传力度不够,知名品牌少,社会效益、经济效益还有很大增长空间。比如,一个海水浴场如果就近没有免费淡水使用,可能影响到此游客的数量和心情。

    对海洋科普资源,缺乏必要整合。山东海洋科普资源主要分布在青岛、烟台、威海、东营、日照、滨州、潍坊等行政区域,不同行政区的海洋资源既有共性,又有独特的个性。整个沿海地区海洋科普资源未得到有效整合,缺乏呼应和联系,缺乏较强的竞争力。分布在相邻行政区域内的同类科普资源给科普对象造成雷同感,吸引力降低,不利于海洋科普品牌的创立。

    海洋科普内容单调老套,缺乏新意。海洋科普的主要途径有阅读海洋读物、参观海洋博物馆等科普场馆、海上游览观光、品尝海鲜和进行沙滩休闲娱乐活动等。海洋科普场馆多以海洋生物为主,领域单一,深度和广度有限,没有持续新鲜度,缺乏创新。这样的科普途径对科普对象缺乏持续吸引力,不利于海洋科普工作的可持续发展。

海洋科普工作人员的服务意识和水平不够高,服务效果不够好。有些海洋场馆门票昂贵,物美价廉的公益场馆不足。海洋科普专业人员数量较少,经验不足。高等海洋教育和科研人才队伍、院所的科普意识薄弱,科普措施不足,科普形式主义多、趣味性低,科普效果有待提高。

山东省海洋科普资源调查结果表明,山东省海洋自然资源、海洋历史文化资源、海洋科技和教育资源丰富,可以说抓了一手"一对王、四个二"的好牌。近年来山东省海洋科普工作呈现出较好的发展态势。关于海洋科普资源的开发与利用,这里有几点初步建议。

7.1　挖掘海洋科普资源的共性和个性

从山东省海洋科普资源调查结果可以看出,其自身属性在资源整体属性中有着不可撼动的作用。在海洋科普工作中,除了总结资源的共性,还要着重挖掘其独特性,让大众了解山东省海洋科普资源的与众不同之处,以对此产生更为浓厚的兴趣。挖掘海洋科普资源的共性和个性,也有利于山东省不同行政区域海洋科普资源开发的设计、布局、整合。

7.2　海洋科普资源的宣传和保护

健康优质的海洋环境对于人类的重要性不言而喻。优良的海洋环境不仅是海洋生物生存和繁衍的保障,也是人类得以可持续开发海洋这块宝地的前提。随着城市化进程的加速和人口的增加,海洋污染问题严重。生活污水、工农业废水、油品泄漏、水产养殖尾水等对近海造成了污染。为了我们自己,更为了我们的后代,我们必须行动起来,积极科普,广泛宣传,采取有力举措,还海洋一片洁净。

加强海洋科普。在各种媒体上,有人类活动的海岸带,特别是游客众多的海水浴场、地质公园、海洋保护区,需要借助文字、图片、视频等多种形式,详细介绍典型的海洋自然资源与环境,使了解和保护海洋的意识深入人心。进一步调动涉海科研院所、高校的海洋科普工作积极性,不断提高公益性海洋科普水平,这是海洋科普工作的一个关键。

7.3　海洋科普资源的管理

众所周知,长期有效的管理对于一件事情的持续发展具有不可忽视的意义。因此,在进行海洋科普的过程中,一定要注重对相应设施和资源的管理,对其使用进行合理规划,确保其能长期地发挥作用,成为科普"神器",而不要"三天打鱼,两天晒网",成为"装饰"物件。

7.4　海洋科普形式的趣味性与亲民性

如何让不会说话的海洋资源变成受众喜欢的海洋科普资源,这也是值得关注的问题。拥有了具有科普价值的海洋资源,科普工作才可以插上飞翔的翅膀,飞进人们心中,增强意识、陶冶情操、启迪智慧。

我们需要拓展各类海洋科普渠道。无论是进行海洋科普讲座还是开放海洋科普馆,都是典型的海洋科普方式,但如果对所有受众只采用单一的科普形式,则科普工作力度薄弱。开设多姿多彩的海洋科普研学、海洋科普竞赛、海洋科普游戏等活动,能在很大程度上弥补单一形式的不足,扩宽受众面,提高海洋科普工作的效果。

在海洋科普遍地开花之时,也不要忘记提升海洋科普内容的趣味性与亲民性。大众需要的不是填鸭式的知识灌输。避免枯燥与机械,增加趣味和温度,春风化雨,润物无声,这是对海洋科普工作的要求。创新科普手段,采用高新技术,如虚拟现实技术(VR)和增强现实技术(AR),创造体验式、互动式、沉浸式科普项目,可以推动科普工作迈上新的台阶。

8

结　　语

8.1　结语

　　进入 21 世纪,海洋问题再度成为世界关注的焦点,海洋的战略地位得到了空前的提高。本书以山东省为调查区域,简要阐述了山东省海洋科普资源的类型、特征、空间分布等,得到如下主要认识。

　　(1)山东省海洋科普资源极为丰富,无论海洋自然资源,还是在人类生活中逐渐积累的海洋历史文化资源、海洋科研与教育资源,都有其独特性与魅力。正是由于这样得天独厚的条件,山东省才成为我国的海洋大省。

　　(2)通过资料收集、整理和野外实地综合考察,本书将山东省海洋科普资源分为海洋自然资源以及海洋历史文化、科技教育资源两大类。在海洋自然资源方面,本书着重介绍了其中的海洋地学资源,具体有山东省毗邻海域——渤海和黄海、山东省海岸、山东省海岛、山东省海湾、山东省海岸带贝壳堤、黄河入海口、山东省典型海岸地貌、海盐。在海洋历史文化、科技教育资源方面,本书具体介绍了神仙文化、海洋军事文化、海洋民俗文化、重要海洋港口、涉海历史文化名人、海洋科研与海洋教育队伍、与山东有关的涉海国家战略政策等。

(3)山东省涉海科研与教育机构、海洋科普场馆数量众多,为海洋科普工作奠定了雄厚的学科基础、硬件基础、人才基础。

山东省海洋科普工作整体稳中向好,但仍然存在着很多的问题亟待解决,对此提出以下两点建议:巩固海洋科普资源的自身属性、改善海洋科普资源的可利用条件。

8.2 不足

由于调查时间和认知水平有限,本文仍存在不足,有待进一步完善。

(1)部分地点有待进行更为深入的现场调查,后期可补充入山东省海洋科普资源库。

(2)对山东省海洋科普资源的罗列不够全面,如海洋自然资源方面主要集中在地学领域,而其他海洋资源如海洋生物、海洋能源、海洋药物等涉及较少,一些涉海机构、场馆未介绍。这些内容在将来可陆续补充进山东省海洋科普资源库。

(3)海岸带经济、社会发展较快,人工场馆、设施发展变化大,山东省海洋科普资源库需不断调查、补充、更新。

8.3 展望

对山东省海洋科普资源进行调查研究,让公众较为全面地了解山东省的海洋科普资源,有助于增强公众的海洋意识,弘扬科学精神,丰富公众的海洋科学文化知识,助力海洋科普事业的发展,增加公众对山东的热爱和自豪感。

随着调查、宣传,山东省海洋科普资源将会受到社会各界的持续关注和开发利用,海洋科普工作必将蒸蒸日上。

海洋科普,人们和社会经济发展需要。

海洋科普,山东省理应走在国内前列。

海洋科普,我国海洋强国建设必走之路。

参 考 文 献

安作璋,王克奇,1992.黄河文化与中华文明[J].文史哲(4):3-13.

曹锐,2020.陆地上的海洋博物馆——贝壳堤[J].求学(21):54-55.

陈刚,李从先,1991.荣成海岸类型与海岸侵蚀的研究[J].同济大学学报(自然科学版)(3):295-305.

陈可馨,陈家刚,2002.我国海岛资源的持续利用[J].天津师范大学学报(自然科学版),28(1):60-63.

陈小英,2008.陆海相互作用下现代黄河三角洲沉积和冲淤环境研究[D].上海:华东师范大学.

戴一航,2012.妈祖文化与海洋神灵信仰[J].语文学刊(6):94.

董玉祥,李志忠,2022.近40年中国海岸风沙地貌研究回顾[J].中国沙漠,42(1):12-22.

董玉祥,2000.中国温带海岸沙丘分类系统初步探讨[J].中国沙漠,20(2):159-165.

杜国云,2002.基岩海岸海水入侵特征及对策——以长岛县南北长山岛为例[J].海洋科学,26(5):55-59.

杜廷芹,黄海军,王珍岩,等,2009.黄河三角洲北部贝壳堤岛的近期演变[J].海洋地质与第四纪地质,29(3):23-29.

谷东起,夏东兴,丰爱平,等,2004.山东半岛潟湖湿地发育特征及区域分异演化研究[J].海洋科学进展,22(1):43-49.

黄海军,李凡,庞家珍,2005.黄河三角洲与渤、黄海陆海相互作用研究[M].北京:科学出版社.

霍明远,1998.资源科学的内涵与发展[J].资源科学,20(2):11-16.

姜正龙,王兵,姜玲秀,等,2020.中国海岸带自然资源区划研究[J].资源科学,42(10):1900-1910.

KURNIAWAN F,ADRIANTO L,BENGEN D G,et al,2016. Vulnerability assessment of small islands to tourism:The case of the Marine Tourism Park of the Gili MatraIslands,Indonesia[J]. Global Ecology and Conservation,6:308-326.

康伟,2012.基于点轴理论的山东半岛蓝色旅游空间结构研究[D].青岛:中国海洋大学.

李亨健,李广雪,丁咚,等,2016.山东半岛重要旅游滨海沙滩的质量评估[J].旅游纵览(2):177-180.

李佳芮,张健,孙苗,等,2016.关于海洋科普信息化建设的探讨[J].海峡科技与产业(11):75-77.

李蒙蒙,王庆,张安定,等,2013.最近50年来莱州湾西—南部淤泥质海岸地貌演变研究[J].海洋通报,32(2):141-151.

李善为,刘敏厚,王永吉,等,1985.山东半岛海岸的风成沙丘[J].黄渤海海洋,3(3):47-56.

李淑娟,孟芬芬,2011.山东省湿地生态系统健康评价及旅游开发策略[J].资源科学,33(7):1390-1397.

李萱,2010a.如何改善青岛海洋科普的效果[J].中国高新技术企业(21):9-10.

李萱,2010b.新形势下提升海洋科普水平对策[J].科技创新导报

（23）:214.

李云龙,2020.黄河三角洲地表水体变迁及其生态环境效应研究[D].济南:山东师范大学.

梁源媛,高建,2016.海岛生态旅游开发模式研究:以山东长岛为例[J].海洋开发与管理,33(S2):56-62.

刘金然,于晓辉,张银晓,2017.贝壳堤岛的调查及保护对策研究——以山东省无棣县为例[J].安徽农学通报,23(11):24-26.

刘利群,徐兵,王晗,2016.海洋科普教育资源库的建设研究[J].电子技术与软件工程(5):179-180.

刘笑,2019.山东省海洋经济发展水平评价研究[D].长沙:中南林业科技大学.

刘笑阳,2016.海洋强国战略研究——理论探索、历史逻辑和中国路径[D].北京:中共中央党校.

卢昆,2004.山东省海岛旅游开发研究[D].青岛:青岛大学.

吕宝平,马元庆,徐艳东,等,2021.山东海域海岛地质遗迹资源综合研究[J].海洋开发与管理,38(9):59-65.

孟凡洁,2019.推进新时代山东海洋强省建设路径[J].山东干部函授大学学报(理论学习)(3):19-22.

孟显丽,张莉红,2019.关于加强我国海洋科普教育的思考[J].经济师(5):214-215.

牟志勇,2000.黄渤海分界处的文化丰碑——蓬莱阁[J].走向世界(1):61-63.

潘娜娜,杜成君,吕飞云,2011.青岛的海洋文化遗产与蓝色文化建设[J].郑州轻工业学院学报(社会科学版),12(1):44-48.

齐东,张淑珍,郭仕涛,等,1996.暖温带基岩海岸旅游资源的开发利用[J].林业科技开发(4):19-21.

曲金良,2003.海洋文化与社会[M].青岛:中国海洋大学出版社:48.

曲金良,1999.中国海洋文化研究(第一卷)[M].北京:文化艺术出版社:30.

山东省地方史志编纂委员会,1996.山东省志·自然地理志[M].济南:山东人民出版社:86-87.

邵世英,2013.论山东海洋民俗的旅游开发[J].旅游纵览(24):163-164.

石玉林,2006.资源科学[M].北京:高等教育出版社.

石兆文,2007.当前国外科普发展趋势与舟山海洋科普发展战略[J].海洋开发与管理(4):103-108.

史兆光,李冰玉,2015.中国梦语境下大学生海洋强国意识培育[J].航海教育研究,32(3):104-107.

隋维娟,2012.依托海洋资源加强海洋科普教育[C]//战略性新兴产业与科技支撑——青岛市第十届学术年会论文集.青岛市科学技术协会,山东省科学技术协会:4.

孙阳,2021.近50年来天鹅湖沙坝海岸地貌演变[J].鲁东大学学报(自然科学版),37(4):366-373.

万祥春,2018.中国特色海洋安全观研究[D].上海:上海师范大学.

王太明,房用,蹇兆忠,等,2001.山东省湿地现状存在问题及研究趋势[J].山东林业科技(6):32-34.

王晓青,1996.山东沿海旅游资源及开发思考[J].人文地理,11(S2):54-56.

王英,张峰,2011.国际海洋科普模式演进及其传播方法比较[J].河海大学学报(哲学社会科学版),13(1):36-39.

王友爱,2010.山东半岛潟湖湿地旅游发展模式研究[D].济南:山东师范大学.

温艺晗,2019.海洋教育,山东先行[J].教育家(32):18-19.

信忠保,王晓青,谢志仁,2004.山东海岛资源开发与可持续发展[J].国土与自然资源研究(2):9-10.

徐德成,倪玉乐,毕可阳,1998.山东半岛砂质海岸的特点和生态评价[J].防护林科技(1):11-13.

徐宗军,张绪良,张朝晖,2010.山东半岛和黄河三角洲的海岸侵蚀与防治对策[J].科技导报,28(10):90-95.

薛春汀,周良勇,2013.黄海西岸山东琅琊台北全新世双重障壁坝—潟湖的成因和演化[J].海洋地质与第四纪地质,33(2):25-31.

焉永红,孙甜,2021.以海育人 与海共生——青岛宁夏路小学海洋教育探索掠影[J].山东教育(19):21-22.

杨倩,孔祥丽,2020.青岛海洋民俗文化旅游发展探究[J].中小企业管理与科技(11):46-47.

杨治家,李本川,李成治,1992.山东省海湾遥感影像分析[J].海洋科学(6):67.

尹霖,张平淡,2007.科普资源的概念与内涵[J].科普研究(5):34-41.

印萍,林良俊,陈斌,等,2017.中国海岸带地质资源与环境评价研究[J].中国地质,44(5):842-856.

于波,2020.荣成市海洋生态旅游的可持续发展研究[D].呼和浩特:内蒙古农业大学.

于哲,2013.提升公民海洋意识,助推海洋强国战略——关于广海局开展海洋科普基地建设扩大社会影响力的建议[C]//全国海洋地质、矿产资源与环境学术研讨会论文集. 中国地质学会,中国海洋学会.

约瑟夫·本·戴维,1988. 科学家在社会中的角色[M]. 赵佳芩,译. 成都:四川人民出版社:43.

战超,2017. 莱州湾东岸岬间海湾海岸地貌演变过程与影响机制[D]. 烟台:中国科学院烟台海岸带研究所.

张丽霞,吕建树,颜堂,等,2022. 山东省海岸带沉积环境演变与典型环境地质问题研究[M]. 北京:地质出版社:2.

中国大百科全书总编辑委员会本卷编辑委员会,中国大百科全书出版社编辑部,1987. 中国大百科全书:大气科学 海洋科学 水文科学[M]. 北京:中国大百科全书出版社:208.

周辉,牛亚菲,2021. 山东省海岛资源的旅游再开发研究[J]. 海洋开发与管理,38(5):9-13.

邹振环,2015. 徐福东渡与秦始皇的海洋意识[J]. 人文杂志(1):81-89.